职业技术·职业资格培训教材

家政服务

编审委员会

主　　任　张　岚　魏丽君

委　　员　顾卫东　葛恒双　孙兴旺　张　伟　李　晔　刘汉成

执行委员　李　晔　瞿伟洁　夏　莹

编审人员

主　　编　张丽丽　马丽萍

副 主 编　张宝霞　黄芝娴

编　　者　马丽萍　黄芝娴　甘志骅

主　　审　杜丽华

中国劳动社会保障出版社

图书在版编目（CIP）数据

家政服务 / 人力资源社会保障部教材办公室等组织编写 . -- 北京： 中国劳动社会保障出版社，2018

1+X 职业技术·职业资格培训教材

ISBN 978-7-5167-3576-3

Ⅰ.①家… Ⅱ.①人… Ⅲ.①家政服务 – 职业培训 – 教材 Ⅳ.① TS976.7

中国版本图书馆 CIP 数据核字（2018）第 165732 号

中国劳动社会保障出版社出版发行

（北京市惠新东街 1 号 邮政编码：100029）

*

北京市艺辉印刷有限公司印刷装订 新华书店经销

787 毫米 × 1092 毫米 16 开本 9.25 印张 143 千字

2018 年 7 月第 1 版 2018 年 7 月第 1 次印刷

定价：39.00 元

读者服务部电话：（010）64929211/84209101/64921644

营销中心电话：（010）64962347

出版社网址：http://www.class.com.cn

内容简介

　　本教材由人力资源社会保障部教材办公室、中国就业培训技术指导中心上海分中心、上海市职业技能鉴定中心依据上海家政服务（专项职业能力）职业技能鉴定细目组织编写。教材从强化培养操作技能，掌握实用技术的角度出发，较好地体现了当前最新的实用知识与操作技术，对于提高从业人员基本素质，掌握家政服务（专项职业能力）核心知识与技能有直接的帮助和指导作用。

　　本教材在编写中根据本职业的工作特点，以能力培养为根本出发点，采用模块化的编写方式。全书共分为 5 个项目，内容包括：家政服务员的职业要求与基本礼仪、居家安全、家居保洁、家常菜的烹饪、老弱人群的家庭照料。

　　本教材可作为家政服务（专项职业能力）职业技能培训与鉴定考核教材，也可供全国中、高等职业技术院校相关专业师生参考使用，以及本职业从业人员培训使用。

　　职业培训制度的积极推进，尤其是职业资格证书制度的推行，为广大劳动者系统地学习相关职业的知识和技能，提高就业能力、工作能力和职业转换能力提供了可能，同时也为企业选择适应生产需要的合格劳动者提供了依据。

　　随着我国科学技术的飞速发展和产业结构的不断调整，各种新兴职业应运而生，传统职业中也愈来愈多、愈来愈快地融进了各种新知识、新技术和新工艺。因此，加快培养合格的、适应现代化建设要求的高技能人才就显得尤为迫切。近年来，上海市在加快高技能人才建设方面进行了有益的探索，积累了丰富而宝贵的经验。为优化人力资源结构，加快高技能人才队伍建设，上海市人力资源和社会保障局在提升职业标准、完善技能鉴定方面做了积极的探索和尝试，推出了 1 + X 培训与鉴定模式。1 + X 中的 1 代表国家职业标准，X 是为适应经济发展的需要，对职业的部分知识和技能要求进行的扩充和更新。随着经济发展和技术进步，X 将不断被赋予新的内涵，不断得到深化和提升。

　　上海市 1 + X 培训与鉴定模式，得到了国家人力资源社会保障部的支持和肯定。为配合 1 + X 培训与鉴定的需要，人力资源社会保障部教材办公室、中国就业培训技术指导中心上海分中心、上海市职业技能鉴定中心联合组织有关方面的专家、技术人员共同编写了职业技术·职业资格培训系列教材。

　　职业技术·职业资格培训教材严格按照 1 + X 鉴定考核细目进行编写，教材内容充分反映了当前从事职业活动所需要的核心知识与技能，较好地体现了适用性、先进性与前瞻性。聘请编写 1 + X 鉴定考核细目的专家和相关行业的专家参与教材的编审工作，保证了教材内容的科学性及与鉴定考核细目、题库的紧密衔接。

职业技术·职业资格培训教材突出了适应职业技能培训的特色，使读者通过学习与培训，不仅有助于通过鉴定考核，而且能够有针对性地进行系统学习，真正掌握本职业的核心技术与操作技能，从而实现从懂得了什么到会做什么的飞跃。

职业技术·职业资格培训教材立足于国家职业标准，也可为全国其他省市开展新职业、新技术职业培训和鉴定考核，以及高技能人才培养提供借鉴或参考。

新教材的编写是一项探索性工作，由于时间紧迫，不足之处在所难免，欢迎各使用单位及个人对教材提出宝贵意见和建议，以便教材修订时补充更正。

人力资源社会保障部教材办公室
中国就业培训技术指导中心上海分中心
上海市职业技能鉴定中心

目 录
CONTENTS

家政服务员的职业要求与基本礼仪

学习单元

1

家政服务员的职业要求

学习目标

熟悉家政职业的特殊性。

掌握家政服务员的职业道德和心理素养。

知识要求

一、家政服务员职业概述

1. 职业定义

家政服务员是指进入家庭并根据合同约定提供家庭服务的人员。

2. 工作内容

家政服务员是为提高雇主家庭生活质量提供服务的职业人。家政服务员要根据自己的工作能力和能提供服务的时间，与雇主签订工作合约。

家政服务工作内容烦琐，工作要求由雇主与家政服务员约定，家政服务员应积极主动、认真细致地完成工作。

3. 工作方式

家政服务无固定的工作方式，一般根据雇主需要，双方协商而定。

选择家政服务业，可以根据自身的能力，灵活地选择工作时间。有的人需要照顾自己的家庭，就可以选择做钟点工；有的是外来务工人员，就愿意选择24小时的居家服务；也有的年轻人愿意挑战自己，选择涉外家政，在增加收入的同时磨炼自己，增长阅历。

4. 社会地位

职业只有分工不同，没有贵贱之分。家政服务是为满足家庭生活需求提供服务的职业，家政服务工作和其他工作一样，是社会分工的结果。家政服务员以劳动获得报酬，以服务赢得尊敬，在人格和尊严上与雇主平等，受法律的保护。

二、家政服务的特殊性与职业道德

1. 工作的特殊性

（1）工作环境的特殊性。几乎所有其他职业的工作环境都是公共场合，而家政服务员的工作环境是雇主的家中，有可能了解到许多不为外人所知的家庭秘密，如果缺乏必要的职业素养，有意无意地泄露家庭秘密，必然会影响雇主家庭的秩序，甚至损害雇主家庭的利益。

（2）工作内容的特殊性。家政服务员的工作内容涉及居家烹饪、保洁、看护服务等，行政部门很难监管，这就要求家政服务员具有良好的道德观念和行为规范。

2. 职业道德的基本内容

职业道德，就是与人们的职业活动紧密联系的符合职业特点的道德准则、道德情操与道德品质的总和，它既是本职人员在职业活动中的行为标准和要求，也是职业对社会所负的道德责任与义务。

现代社会对各行各业人员的共同要求是："忠于职守，精益求精，全心全意为社会、为人民服务，对职业具有献身精神。"

（1）守时守信，尽心尽责。遵守工作时间，信守诺言，这是雇主对家政服务员的基本要求。尤其是家政服务钟点工，一天中往往要到好几个雇主家干活，必须遵守事先约定，合理安排好时间，不迟到，不早退。凡是答应别人的事要争取办好，不能言而无信。

尽心尽责就是根据雇主的要求，积极主动完成约定的职责，认真踏实做好家务，把让雇主满意作为自己的工作目标。工作时应节约每一滴水、每一度电。家务事琐碎繁杂，需要统筹安排，才能做到优质高效。

（2）忠诚本分，亲切谦和。家政服务员在合同约定工作内容、工作时间、工作报酬的服务期间，应竭尽全力地服务好雇主，不要和其他家庭的服务员交流攀比各自的收入。

采买物品，要及时如实报价记账，避免因时间长导致记不清，切记不要贪图小便宜，更不能利用帮助雇主采购物品的机会多报支出，赚取差价。不能利用雇主家的设备为自己服务，不能将雇主家里的任何物品，哪怕是不用的东西据为己有。雇主家的钱、财、物要爱惜。如有急事，要借打长途电话，应事先征得雇主同意。不能利用雇主家的关系为自己办私事，即使和雇主已经很熟悉了，也不能提出非分要求，如向雇主借钱购房，向外国雇主提出为自己的亲友出国做担保、为自己孩子补习外文等请求。

（3）勤奋好学，精益求精。琐碎的家务事看似简单，其实大有学问。在家政服务这个看似平凡的岗位上，家政服务员需要学习的技能有很多，要抱着积极的心态不断学习，精益求精，不断提高自身操作技能和素质，才能满足不同雇主的需要。

（4）尊重雇主的生活习惯。家政服务员为来自五湖四海的家庭提供服务，要充分重视不同国家、不同民族的生活习惯和禁忌。

家政服务员进入雇主的家庭工作，在起居作息、房间生活用品的使用摆放、饮食口味、养育孩子的方法等方面，都要尊重雇主的习惯，根据雇主的要求提供服务，切不可自作主张，按自己的意愿去安排雇主的生活。

（5）保护隐私，不参与"内政"。家政服务员在雇主家工作，对职责范围外的事，要视而不见，听而不闻。雇主家庭的门牌、电话号码等都是家庭的隐私，家政服务员应具有尊重雇主家隐私的基本道德，不把雇主家里的隐私张扬出去，不能有侵犯雇主隐私权的违法行为。

家政服务员在雇主家服务，还要注意不参与雇主家的"内政"。雇主家夫妻间、长幼间，有可能会有矛盾和不和。家政服务员遇到雇主家庭内部矛盾激化时应保持清醒的头脑，应保持不介入的态度，不为双方的过激言词做旁证，必要时，为双方做些沟通说服工作，劝慰双方互相体谅，缓解矛盾，促进家庭和睦。

（6）善于沟通，不说长道短。与人相处是一门学问，家政服务员在工作中应做到善解人意，宽容忍让，责己严，责人宽，与雇主建立和谐的人际关系。家政服务员要善于倾听，设身处地地为他人着想；主动征询意见，交流改进；产生矛盾及时解决，不在背后议论。

三、家政服务员的心理素养

家政服务员的心理素养可以用"四自"来概括，即自尊、自信、自立、自强。

1. 自尊

自尊就是尊重自己的人格，维护自己的尊严，不自轻自贱。

自尊是"四自"之首。自尊的人，看得起自己，也不允许别人歧视、侮辱自己。自尊的人会约束自己的行为，做到作风稳重、说话得体、言而有信、对工作和家庭有责任感、尊重自己也尊重别人、爱岗敬业、诚实守信。

2. 自信

自信，就是相信自己的能力，坚定自己的信念，不妄自菲薄（妄自菲薄是指毫无理由地看不起自己，是一种自卑心理）。自卑会使人消极、颓废、痛苦、无望；相反，自信会使人乐观开朗，积极主动抓住机会，获得成功。

家政服务员会进入不同的家庭，有了自信心，就会不断地征询意见，不断调整自己以适应环境，不断学习新的服务本领；保持积极心态，就会有良好的心理承受能力和心态调适能力。

3. 自立

自立，就是树立独立意识，体现自身的社会价值，不依附顺从他人。自立包括经济自立和精神自立。自立的反面是依赖，依靠别人，经济上不独立，精神上没有主见，听凭别人摆布。从事家政工作可能很辛苦，但这是用自己的劳动创造价值，以工作换取报酬，经济是自立的，消费也是自由的，不依赖他人，生活也不受他人的干扰。自立也要求家政服务员有独立的见解和判别是非的能力，不轻信他人，不上当受骗，工作中有独当一面的能力，能果断决策处事。当然，家政服务员也需要培养自己独立全面操持家务的能力。

4. 自强

自强，就是顽强拼搏、奋发进取，不自卑懦弱。自强是"四自"的核心。自强的人有积极的人生态度，有强烈的成就欲望，心里有奋斗目标，有艰苦奋斗、万难不屈的精神，有勇气、信心和毅力，朝着理想和目标奋勇前进。

培养"四自"精神，有利于克服心理弱点，完善自我，有利于在充满变革、机会和挑战并存的社会中，以良好的心态取得成功。

学习单元

2

家政服务员的基本礼仪

学习目标

熟悉礼仪的基本要求。

掌握家政服务员在工作中的基本礼仪。

知识要求

一、礼仪的基本要求

1. 言谈

（1）吐字清晰，语调平和。家政服务员说话时吐字要清晰，语速不要太快，讲话声音要柔和、自然，声音音量一般以对方能听清为宜。不分场合，不分对象，放开嗓门大声叫嚷，是一种不雅的言谈方式。也要避免装腔作势，捏着嗓子拖长声音说话，让人感到不适。与人交谈要注意语气和语调，恰到好处地运用语气和语调是家政服务员要掌握的服务技巧。

（2）态度诚恳，意思清楚。与人交流时，语言所表达的内容、感情与表情要一致，不能口是心非，不能信口开河。与人交谈时，目光要专注，不能东张西望、哈欠连天，给人心不在焉的印象。语言表达要简洁明了，说出来的话要能够准确表达自己的意思，切忌啰唆、词不达意。

（3）多听少说，不谈隐私。与人交谈还要注意谈话内容，在公共场合一般不要询问对方的隐私（如工资、财产、年龄、服饰价格等），对雇主的生活习惯、饮食起居、环境布置不要过分好奇，不要对雇主家的是非做评判，不要在雇主家谈论别人的私事，不要对雇主的宗教信仰说三道四。

与人交谈，不仅要善于表达，更要学会倾听。多听少说，既是家政服务员与人交谈过程中的上策，也是家政服务员有修养的表现。

（4）称呼恰当，注意礼貌。称呼是指人们在日常交往应酬过程中，彼此之间的称谓。与他人讲话之前要先有称呼。称呼恰当，主要是指称呼要符合自己及他人的身份。家政服务员到了雇主家，应该把雇主看作自己的亲人，应按年龄、辈分称呼雇主家的成员。对年轻的夫妇可称大哥、大姐，对年长的可称叔叔、阿姨，并按辈分随雇主称呼他们的长辈和亲友。

言谈中要经常恰当地使用礼貌用语。常见的问候语有"您好""早上好""早安""再见""明天见""晚安"等，常见的祝贺语有"生日快乐""身体健康""节日愉快""生意兴隆""一路平安""旅途愉快""心想事成""事业发达""祝你成功"等，常见的征询语有"我可以进来吗""我能为您做点什么""把窗户打开可以吗""需要我来帮您找吗""这会打扰您吗"等。

在日常生活中，还有一些习惯性的礼貌用语，如"对不起""谢谢"。另外，"请"字也是家政服务员在日常言谈中必须要掌握的习惯敬语，如"请进""请坐""请喝茶""请就座""请慢用""请稍候"等，初次见面应说"初次见面，请多关照"，请人提出意见应说"请指教"。

2. 姿态

（1）站姿。站姿是一种基本的姿态，基本要领是：头正且要有头顶上悬的感觉，双目平视，下颚微收，面带微笑；挺胸，收腹，吸腰，腹肌和臀肌要保持一定的肌紧张并前后形成夹力；髋部向上提，脚跟并拢，脚尖分开，双肩放松，双臂自然下垂。

（2）坐姿。坐姿不仅指坐时的姿态，还包括进坐和退坐时的姿态，一般从左侧进、退坐。坐定后腰部挺起，上体保持正直，两眼平视，双手自然地放在大腿上，或一手放在扶手上，一手轻轻地搭在小手臂上；大腿要并拢，小腿可交叠，双脚可与身体垂直也可左右斜放。

（3）走姿。走姿是一个人精神状态的具体体现。起步时背部挺直，上半身不可随意摇晃，保持平稳，目光平视，下颚微收，手臂伸直放松，手指自然弯曲，前后自然摆动。行走时，不要左右摇晃，不要左顾右盼，也不要走成"内八字"和"外八字"，最美的姿态是两脚交替走在一条直线上。

（4）蹲姿。蹲姿是日常生活中拿取低处物品时的常见姿态。蹲下时，腿和身体都在用力，不可以全身力量都压在小腿上。全蹲或半蹲时，手要尽量贴近腰身，上身不可以倾斜得太低，臀部不可以翘得太高，穿低领衣服时要注意一手护衣领。

3. 仪表仪容

家政服务员重视个人仪表仪容，服装搭配协调得体是对别人尊重的表现。

（1）个人卫生。个人卫生主要指头发、脸部、手指等部位要保持整洁，身上不能留有异味，要做到勤洗澡、勤换衣服、勤漱口；指甲要经常修剪，不要留长指甲和涂指甲油，否则既不利于食品烹饪卫生，也会给工作带来不便；上班前不饮酒，忌吃大蒜、韭菜等有刺激性气味的食物。

（2）个人形象。家政服务员工作时，妆容要自然、淡雅；发型不要太奇异，长发最好扎起或盘起，以便于工作；衣服一定要干净、整洁。

（3）着装。选择工作服的原则是舒适、方便、大方。家政服务员工作时的着装要能使自己工作起来轻松自如、得心应手，颜色一般不超过3种。若家政服务员所在的家政公司有统一的工作服，应穿工作服；若没有统一的工作服，则以休闲和宽松的服装为好。

二、工作场景中的礼仪

1. 招呼礼仪

家政服务员每天进出雇主家门，与雇主和其他人交往的礼仪必不可少。一般来说，进门先与女主人打招呼，再与其他人打招呼。与人照面时要正面对视，面带微笑，不能斜视，也不能上下打量。

2. 称呼礼仪

初次见面，家政服务员应做自我介绍。自我介绍时应注意真实简洁、坦率自信，例如："您好，我叫李小敏，是 ×× 家政公司委派过来的服务员，您可以称呼我小李。"同时，也可以落落大方地询问别人："请问，我怎么称呼您？"如果雇主有明确的指示，就按指示称呼，如张老师、李教授、王医生、赵经理等带职称或头衔的称呼；如果雇主没有明确指示，一般不直呼其名，对男主人称呼 × 先生，对女主人称呼 × 小姐、× 女士或 × 太太。

3. 迎送礼仪

迎送客人的礼仪是交往中常用的礼仪，包括电梯礼仪。

家政服务员迎客要热情、友好。对来访客人无论职务高低、是否熟悉都要一视同仁。迎客时，应走在客人的前面一两步以引导客人，如需上下楼梯，应靠右侧走，在走楼梯时不方便交谈，一般等到达目的地后再交谈。客人到达目的地后要引客人入座，并送上茶水。

客人告辞时，家政服务员应起身相送，送客时应走在客人的后面。若客人乘坐电梯，应送到电梯口，待电梯门关合后再离开。对于年老体弱者应送至大门口。一般送客到门口或楼梯口再和客人握手道别，直到客人不回头或看不到身影方可离开和关门。

如果乘坐电梯，家政服务员应让客人先上下电梯，并用手按住开关按钮，使客人有充足的时间上下。如果人多，可以等下一趟电梯，不要硬挤。在电梯里不要大声谈论有争议的问题或有关个人的话题。

4. 电话礼仪

家政服务员一般不随便使用雇主家电话，也不随便把雇主家的电话号码告诉他人，如有急事需要联系，在征得雇主的同意后方可使用电话，但应尽量压缩通话时间。当雇主或其他人在通话时，家政服务员要根据实际情况选择"回避"，或是埋头做自己的事，或是自觉走开，千万不要侧耳"旁听"，更不要主动插嘴，这种"参与意识"是家政服务员的大忌。

在雇主家，家政服务员不要主动接听电话，除非雇主有明确的指示。如接听电话，通话结束应轻轻放下话筒，不能随便一扔或重重一摔，让对方有不知所措和不被尊重的感觉。

5. 行为礼仪

在雇主家工作时粗心大意、风风火火都是家政服务员的大忌。家政服务员的行为举止要做到三轻：说话轻，走路轻，操作轻。

家政服务员到雇主家，进门前应先敲门或按门铃，如门开着，有人在家，也应先轻声敲门，并说"可以进来吗"，在得到准许后方可轻轻推门而入。一般生活在城市的居民都有关门的习惯，无论是整幢楼的大门还是自家的家门，都要随手关闭。

递送物品的礼仪是家政服务员不可忽视的。递送物品时不能离对方太近，太近容易影响对方进餐或谈话。接受别人的物品要双手承接，动作轻柔，不能有抓的感觉。应本着把方便留给他人的原则，在传递剪刀、铅笔等带尖的物品时，把剪刀头和笔尖的一面朝着自己。

家政服务员在居室整理过程中，应养成把挪动过的家具、用过的工具放归原处的习惯。桌上的纸条、报纸、花束、仪器若没有雇主吩咐，不能随便扔掉。无论雇主是否在家，家政服务员都不要触碰与工作无关的家用电器，不要擅自翻阅雇主的书报、杂志及物品，更不要拾取雇主扔掉的任何物品。

6. 致歉礼仪

在服务过程中，家政服务员难免会碰到无能为力的事，或不小心造成过失，面对这种情况，责任在自己时先要承认，应该道歉的时候应马上道歉。如不小心打破了杯子，弄坏了家用电器或其他物品，应及时表示歉意，如雇主不在家，可等雇主回家时说明，千万不要搪塞隐瞒。出问题时，不能对雇主说"这是按你的要求办的"。有些超越职责和能力范围的事，家政服务员可以如实告知并委婉拒绝、表示遗憾，但不一定要道歉。

7. 委婉礼仪

在日常生活中，适当的委婉不仅可以避免因针锋相对而造成矛盾激化，还可以使矛盾缓解并得到解决。家政服务员无法满足雇主的有些要求时，可以婉言推托，但要注意技巧，不可直接用否定语，可说"很抱歉，我不会做""很遗憾，我不能帮你的忙""对不起，让你失望了""十分感谢，这番心意我领了，但是我不能接受"等婉辞，既谢绝了对方，又让人觉得这样做是通情达理的。

8. 请假和辞职

家政服务员因故不能按时到雇主家工作，一定要事先打电话和雇主联系，解释困难，并致歉意。迟到、早退要说明情况。如果要辞职，可向雇主说明辞职理由，态度要坦诚，表达要得当，并坚守工作岗位，直至雇主有了较为妥善的安排。不辞而别有悖职业道德，会给自己带来不良口碑，给自己今后寻找工作带来困难。

模拟测试题

一、判断题（下列判断正确的请打"√"，错误的打"×"）

1. 职业道德是从事一定职业的人应该遵循的法律原则。 （　　）

2. 家政服务工作只是做一些家务，不必过度强调时间观念。 （　　）

3. 自信就是充分相信自己，凡事都要坚持自己的意见。 （　　）

4. 自立包括经济自立和精神自立这两个方面。 （　　）

5. 家政服务员平时应根据雇主的需求安排工作顺序。 （　　）

6. 家政服务员与雇主初次见面，自我介绍时应注意真实简洁、坦率自信。 （　　）

7. 家政服务员与雇主家人交谈时，不要正面对视。 （　　）

8. 家政服务员进入雇主家，对女主人应称呼"阿姨"。 （　　）

9. 如雇主家位于楼房高层，家政服务员送客时，通常将客人送出房门就应返回。 （　　）

10. 家政服务员工作时，着装以休闲和宽松为好。 （　　）

二、单项选择题（下列每题有 4 个选项，其中只有 1 个是正确的，请将相应的字母填入题内的括号中）

1. 从根本上说，家政服务员人格尊严受到（　　）的保护。

    A. 行政规定　　　B. 家政公司　　　C. 家人　　　D. 法律

2. 家政服务一般（　　）的工作方式，应根据雇主需要，双方协商而定。

    A. 有规定　　　B. 有固定　　　C. 无固定　　　D. 有法定

3. 职业道德是指社会对从事一定职业的人的（　　）。

    A. 职业标准　　　B. 职业规范　　　C. 行为标准　　　D. 法律规范

4. 家政服务员应守时守信，尽心尽责、（　　）地干好各项工作。

    A. 不紧不慢　　　B. 慢条斯理　　　C. 有条不紊　　　D. 从容不迫

5. 不论从事何种职业，都应热爱本职工作，这是（　　）的表现。

    A. 自强　　　B. 自信　　　C. 自爱　　　D. 自尊

6. 当雇主或其他人在通话时，家政服务员应选择（　　　）。

    A. 旁听　　　　　　B. 回避　　　　　　C. 插嘴　　　　　　D. 参与

7. 在雇主家工作时，家政服务员的日常举止要做到（　　　）。

    A. 走路轻、说话轻、操作轻　　　　　　B. 走路轻、说话轻、拿东西轻

    C. 走路轻、拿东西轻、操作轻　　　　　　D. 拿东西轻、说话轻、操作轻

8. 家政服务员与人交谈过程中，（　　　）是有修养的表现。

    A. 善于表达　　　B. 多听少说　　　C. 多说少听　　　D. 大胆发言

9. 家政服务员工作时不小心损坏了家用电器或其他物品，应首先表示（　　　）。

    A. 礼貌　　　　　B. 歉意　　　　　C. 赔偿　　　　　D. 修理

10. 家政服务员对有些超越职责和能力范围的事，可以如实告知并委婉拒绝、表示（　　　）。

    A. 自责　　　　　B. 内疚　　　　　C. 遗憾　　　　　D. 歉意

模拟测试题答案

一、判断题

1. ×　2. ×　3. ×　4. √　5. √　6. √　7. ×　8. ×　9. ×　10. √

二、单项选择题

1. D　2. C　3. B　4. C　5. D　6. B　7. A　8. B　9. B　10. C

学习单元

1

家庭防火

👆 **学习目标**

熟悉引发家庭火灾的常见原因。

掌握家庭火灾的防范措施。

💡 **知识要求**

一、电器引发火灾

1. 原因

电器引发火灾的原因有：电器年久失修，电线绝缘老化，引起短路；违章使用电器，如乱接、乱拉电线，使接头处接触电阻过大；用电负荷太大等导致熔丝烧断，有些用户擅自换上粗熔丝甚至铜丝。

2. 防范措施

（1）多台大功率电器最好不要同时接在一条线路上，以免发生过载，引发火灾。

（2）使用电器前应详细阅读说明书，掌握正确的使用方法。电器在使用中若有不正常的响声、外壳过热或有异味，应立即停止使用，并请专业人员检查、维修。切不可继续勉强使用，或擅自摆弄电器和电线。

（3）严禁用湿手去操作电器的开关，或者去插、拔电源插头。在清洁电器时，要断开电源，切不可让水浸湿电源部分和插座。

二、燃气引发火灾

1. 原因

燃气引发火灾的原因一般是漏气、忘记关闭阀门、火焰被风吹熄导致大量气体泄漏未被发觉，或者是用气时人离开火源，导致食物烧干或者液体溢出浇灭火焰。

2. 防范措施

（1）使用燃气设备时，要打开厨房的窗户或抽油烟机通风。用气完毕，应关闭所有的燃气开关、阀门，以防漏气。

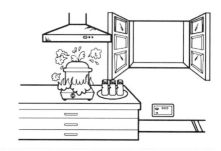

（2）使用钢瓶液化气时，必须遵守先点火后开气的次序，绝不能采取"气等火"的点火方法。国家提倡使用有自动熄火装置的燃气灶，无此装置的燃气灶在使用过程中要防止火焰被风吹熄。

（3）烧煮食品时，人不得离开火源。锅、壶等不宜盛水过满，防止烧煮的汤、水因沸腾外溢而浇熄火焰。也要避免锅内食物被烧干、烧焦起火。

（4）遇燃气泄漏（可闻到异味），不得有开灯、划火柴等任何会产生火星的行为，应立即关闭气源阀门，打开门窗，通风排气。寻找泄漏点时不得用烟头、火柴、打火机等明火源查找，可用肥皂水涂抹接头处和管道的可疑部位进行查寻。

（5）应经常检查燃气是否有泄漏。检查方法是在晚上关闭所有用气设备的开关，记下燃气表上最末一位读数，第二天早晨再去查看燃气表的读数有无变化（如有变化，说明燃气有泄漏）。当闻到有燃气味时，要立即打开窗户，通知检修人员上门检修。

三、冬季取暖设备引发火灾

1. 原因

冬季取暖设备，如红外线取暖器、煤气取暖器、电热毯等升温时间太长，温度过高，可能引起周围可燃物质的燃烧。在取暖器上烘烤衣物也可能引发火灾。

2. 防范措施

（1）各种取暖设备必须与易燃物品保持一定的距离。

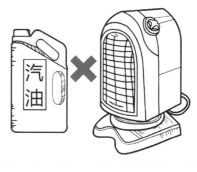

（2）不要用取暖设备烘烤物品，尤其不要将湿的衣服、鞋袜、手帕、尿布等挂在取暖设备上烘烤。

（3）电热毯不可折叠使用，给婴幼儿、老人、病患使用电热毯，要防止尿床或弄湿。无人时不要让电热毯长时间通电。睡觉前最好关闭电热毯电源。

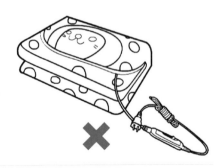

（4）严格遵守各种取暖设备的安全使用规定。人离开时要切断取暖设备的电源、气源或火源。

四、其他原因引发火灾

1. 原因

儿童玩火、鞭炮引燃易燃物，乱扔烟蒂等也会引发火灾。

2. 防范措施

要禁止儿童玩火。应到国家有关部门批准经销的商店购买烟花爆竹。燃放烟花爆竹时要注意安全。在禁放区必须自觉遵守政府的禁放规定。不要随地乱扔烟蒂、火柴梗，不要躺在沙发上、床上吸烟。

学习单元

安全使用家用电器

学习目标

熟悉家用电器安全使用知识。

能够正确使用家用电器。

知识要求

家用电器在家居生活中应用十分广泛，其功能也日益增多。不同品牌电器的使用方法和技巧有所不同。家政服务员使用电器之前，应仔细阅读产品使用说明书中的各项细则，了解电器的基本构造，从而掌握其使用方法和要领，减少人为故障，延长其使用寿命。

一、电磁炉

电磁炉采用磁场感应涡流加热原理，使锅体自身高速发热，然后加热锅内食物。

1. 使用方法

不同品牌电磁炉使用方法稍有差异，请按说明书上的使用方法操作。

（1）开机。插上电源插头，蜂鸣器长响一声，"开关"灯闪亮，数码管不亮，电磁炉处于关机状态。按"开关"键，蜂鸣器短响一声，风扇开始运转，数码管显示"一"，"开关"灯长亮，电磁炉处于待机状态，如图 2—1 所示。

（2）功能启动。在待机状态下，按任一功能键便可启动电磁炉，此时若没放锅具，则蜂鸣器鸣叫；若蜂鸣器连续鸣叫 10 声仍未放置锅具，蜂鸣器停叫，风扇延时 1 分钟后停止运转，电磁炉自动关机。若放置好锅具，则电磁炉缓慢启动，即可进行烹饪，如图 2—2 所示。

图 2—1　电磁炉处于待机状态　　　　　图 2—2　电磁炉启动可进行烹饪

（3）锅具的选择。电磁炉不同于砖、铁等材料建造的炉具，一般放置其上的锅具连带食物不应超过 5 千克。电磁炉炉面承受的压力不能过大、过于集中，因此使用的锅具底部接触面不宜过小，只能使用平底锅。由于电磁炉的磁场只与铁元素产生反应，因此只能使用含有铁元素的锅具。

2. 注意事项

（1）放置要平稳。放置电磁炉的桌面要平整，特别是吃火锅时。如果桌面不平，使电磁炉的某一脚悬空，使用时锅具的重量将会导致炉体放置不平稳，极不安全。另外，如果桌面倾斜，当电磁炉对锅具加热时，产生的微振也容易导致锅具滑出而发生危险。

（2）保证散热通气孔通畅。工作中的电磁炉随锅具的升温而发热。因此，安放电磁炉时，应保证炉体的进、排气孔处无任何物体阻挡。炉体的侧面、下面不要垫（堆）放有可能损害电磁炉的物体、液体。如发现电磁炉工作时其内置的风扇不转，应立即停用，并及时检修。

（3）操作按钮时动作要轻、干脆。电磁炉的各按钮属轻触型，使用时手指用力不要过重，要轻触轻按。当所按的按钮启动后，手指就应离开，不要按住不放，以免损伤簧片和导电接触片。

（4）炉面有损伤时应停用。电磁炉炉面通常是晶化陶瓷板，易碎，如有损坏，应停止使用。

（5）在电磁炉使用过程中，不要频繁将锅具端离炉面。刚用好的电磁炉炉面很烫，要防止烫伤。

3.　清洁与保养

电磁炉在使用中要注意防水、防潮，避免其接触有害液体。对于正在使用或刚使用结束的炉面，不要马上用冷水擦拭。

经常清洁炉面，遇到不易清除的油污等沾染物，可涂上牙膏，用软抹布擦拭，再用蘸水的软抹布把牙膏连同污物一起擦干净，最后擦干炉面。

二、电饭锅

电饭锅是一种能够进行蒸、煮、炖、煨、焖等多种加工的现代化炊具，在家居生活中应用十分广泛，常用于煮饭。

1.　使用方法

（1）按需用量杯取米，淘洗干净后，将米放入内锅。

（2）加水到相应水位。内锅内的刻度线为煮饭时的水位线，可依个人口味增减水量。加水不要超过最高水位线。

（3）将内锅外表面擦干后放入外锅，轻轻将内锅左右旋转，使内锅底部与电热盘充分接触。

（4）盖好锅盖。锅盖要扣到位，即压下盖时听到"咔嚓"的声音。

（5）接通电源。将电源线插入电饭煲底部的插孔上，另一端插到电源插座上，接通电源。按下"煮饭"键，指示灯亮，电饭锅开始煮饭。

（6）煮饭结束，"煮饭"指示灯灭，"保温"指示灯亮。保温10分钟后，切断电源，完成整个煮饭过程。如果使用的是压力式电饭煲，煮饭结束后，不能马上打开锅盖，要稍等一会儿，待锅内压力下降后，才能打开锅盖。

2. 注意事项

（1）电饭锅要使用单独插座，使用时电源插头要插紧，不要与其他大功率电器同时使用一条线路。电饭锅不能在潮湿的地方使用，要使用有接地线的插座，以免发生漏电。

（2）使用前要清除电热盘表面及内锅底盘异物，切忌不同品牌的内锅换用，内锅不能直接放在火焰上或其他热源上加热。

（3）不能直接在内锅中洗米，以免破坏内锅涂层。电饭锅不宜用来煮酸、碱性食物，以免腐蚀或损坏内锅。用电饭锅煮粥、炖东西、煮汤时，应有人看管，不能让食物在锅内存放过夜。

（4）电饭锅不可空烧。按键开关自动复位后，切忌强行再按下。电饭锅使用完毕，应关闭开关，并切断电源。

3. 清洁与保养

（1）擦洗电饭锅时必须拔下电源插头，切忌用水冲洗电热盘及外壳，以免造成漏电或短路。

（2）电饭锅内若有活动的内锅盖，要拆下用水清洗，每次使用电饭锅后，气孔、溢水孔要及时清洗。

（3）内锅里如有食物粘底可用水浸泡后用软抹布清洗，洗完后里外用软抹布擦拭晾干再放入外锅。注意避免内锅碰撞变形，不要用钢丝球、百洁布等刮擦，以免破坏内锅涂层，影响使用。

（4）若外锅壁和锅底有黏结，需及时清洁，外锅锅盖、锅体、四周的橡胶密封圈要经常用拧干的湿抹布擦拭，对沾染在电饭锅外壳的污垢，可先用拧干的湿抹布蘸清洁剂擦洗，再用洗净拧干的湿抹布擦净残留的清洁剂。

三、微波炉

微波炉使用方便，可以烹饪主食和各种菜肴，也可用于解冻食品、杀菌消毒，省时省力。

1. 使用方法

（1）打开炉门，将食品放入微波炉内。（将食品切成边长不大于 2 厘米的块状，可缩短加热时间。）

（2）转动火力开关至所需加热方式，或按下加热方式按钮。

（3）转动定时器选定加热时间，或按下加热时间按钮，开始加热或烹调。

（4）为防止意外，加热烹饪时，切忌用眼睛观看烹调情况。人离开微波炉 1 米，防止微波伤害。

（5）加热结束，戴好防护手套取出加热后的食品，用软抹布擦净炉腔内壁。

2. 注意事项

（1）将微波炉放置在平稳、通风、无热源、无磁性材料处。要使用有接地线的专用插座。忌将微波炉与电视机放在一起同时使用。

（2）不同品牌微波炉的控制装置和使用方法不完全相同，使用前，应仔细阅读说明书，严格按说明书规定选择合适的加热功率及加热时间，切忌随心所欲地拨动各按钮开关。

（3）切勿使用金属器皿、带金属配件的器且和带金银边的器皿。应选择耐热玻璃制品、微波炉专用陶瓷制品和专用塑料制品。严禁空转。

（4）密封瓶或袋装食品必须开口后放入加温。

（5）小孩需在大人指导下使用微波炉。

（6）如果炉内食物着火，切勿打开炉门，应立即将定时器拨到零位，然后拔下电源插头。

（7）未打开的密闭食品（包括鸡蛋）不要放在微波炉内加热，以防爆裂。

3. 清洁与保养

（1）清洗炉腔之前，应拔去插头。

（2）清洁炉箱外部、炉门内壁及箱体闭合处，用25~30℃的温水擦洗即可。污垢较顽固的地方可用干净柔软的抹布蘸取中性肥皂水擦拭，抹布以不滴水为宜，注意不要让水渗入炉缝或通风口。洗净后再用温水擦洗一遍，最后用干抹布擦净。

（3）炉腔内壁清洁，宜用湿抹布擦净。每次做完饭菜后，要用软抹布将喷溅到微波导管罩上及炉腔底部的油污或渣滓擦干净。污垢顽固的地方，可用抹布蘸中性清洁剂或肥皂水擦洗，然后用抹布蘸25~30℃的温水擦洗，再用干抹布擦净。炉内如有异味，可放一杯加几匙柠檬汁的水转5~7分钟除味。

（4）如有转盘、转轴要取出来，用中性清洁剂清洁，并用温水洗干净，切勿使用强洗剂、香蕉水、汽油、钢丝球、百洁布清洗任何部位。

（5）一旦发现故障指示灯亮，应立即停止使用，并请专业人员检修。

四、冰箱

冰箱是利用制冷剂和电能在箱体内侧制造低温环境的家用电器。冰箱按门数分有单门、双门及多门冰箱。冰箱一般有冷冻室和冷藏室，分别用来冷冻和冷藏食物，使食物保持新鲜卫生。冷藏室的温度一般为0~10℃，家政服务员可通过调节温控器来设定冰箱温度。

1. 食物储存

在冰箱内，不同部位的温度是不相同的，温度的差异也与箱内冷气流动有关。冰箱内食物不要放得过多、过挤。储存食物要注意以下几点。

（1）将食物分别放入冷冻室或冷藏室。放入冰箱内的食物用食品袋或薄膜包好，食物之间留有空隙。

（2）热的食物待冷却至室温后放入冰箱,不需要冷藏的食物（如洋葱、甘薯、南瓜等）不要存入冰箱内。

（3）食物要按保质期要求存放，避免存放过久。

（4）蔬菜、水果放入蔬菜盒内。

（5）啤酒等瓶装食物勿放在冷冻室内，防止冻裂发生意外。

（6）从冷冻室存取食物时，不能用湿手触碰冷冻室内的食物和容器，谨防冻伤。

2. 清洁

（1）冰箱外壳要经常擦拭清洁，内胆则需根据季节变化、污染情况,定期调温、清洁。冰箱门封条上的污迹可用 1∶1 的醋水擦拭，能有效杀灭微生物。冰箱内可以拆下的搁架和抽屉都可以用清洁剂清洁并用水清洗。切忌向冰箱内外泼水,以免漏电及引起故障。

（2）清洁冰箱背面的冷凝器和压缩机表面时，不能用水抹，可用毛刷除去灰尘，以保证良好的散热条件。

（3）清洁冰箱时先拔下电源插头，切勿用汽油、酒精、洗衣粉、酸溶液等强腐蚀性液体清洁。

3. 除霜

冰箱内霜层厚度超过 6 毫米，会导致制冷效果下降，耗电量增加，因此应对非自动除霜冰箱进行除霜。

除霜时，先断开电源，打开冷冻室门，把物品取出，利用环境温度化霜。为加快化霜，可用霜铲除霜，切勿使用利器除霜，以免损坏蒸发器。

4. 注意事项

（1）使用专用插座，按照季节和需要调节冷藏室温度。

（2）启动后将冰箱门关紧以减少耗电量。

（3）使用时不频繁开冰箱门，减少压缩机的工作时间，合理节电。

（4）遇到停电，要尽量少开冰箱门。如遇突然停电要拔下电源插头，待 10 分钟后再插上。

（5）冰箱应置于干燥、清洁、坚固、水平、通风处，远离热源，避免日光直射。箱体不应紧贴周围墙体，那样不利于冰箱散热。

五、吸尘器

吸尘器是用于吸去地面、墙面和其他平整部位灰尘、污物的专业设备，是清洁工作中最常用的设备之一。吸尘器的结构分为立式、卧式和便携式。

1. 附件的选用

普通吸尘器（见图2—3）的附件包括软管、弯管、接长管、各种刷子、吸尘嘴等。吸除不同场所的灰尘应选用不同的吸尘嘴，忌用软管直接去吸灰尘、垃圾。

图2—3　吸尘器结构图
1—软管　2—弯管　3—接长管　4—吸尘嘴
5—缝吸嘴　6—家具刷　7—前壳

（1）地毯、地板应选用吸尘嘴吸尘。

（2）家具、书架、墙壁、天花板应选用家具刷吸尘。

（3）墙角、沙发缝隙、地板缝隙应选用缝吸嘴吸尘。

（4）有污垢黏附的地毯或地板应选用滚刷，先把污垢剥离，再吸尘。

2. 附件的安装

连接吸尘器附件时需插紧，并稍加旋转，使连接牢靠，具体步骤如下。

（1）将软管的一端插入吸尘器进风嘴，另一端连接弯管。

（2）弯管的另一端根据需要连接接长管。

（3）接长管的另一端根据清洁场所连接不同的吸尘嘴。

3. 使用

（1）使用前检查吸尘器机体上所有附件是否安装到位，如集尘袋是否安装好，前壳与后壳是否连接好，检查无误后才能开机使用。

（2）检查电源是否符合要求，某些进口吸尘器使用的电压是 100 伏或 110 伏交流电，需使用电压转换器，不能插入 220 伏交流电的插座使用。

（3）插上电源，开启电源开关，观察吸尘器电动机运行是否正常。

（4）根据清扫需要，选择吸尘嘴、缝吸嘴或家具刷，安装于吸管处，开始吸尘。

4. 保养

（1）避免吸尘器被暴晒、烘烤和雨淋，以免损坏壳体和内部机件。

（2）不要把吸尘器当作玩具让小孩骑坐玩耍，以免损坏壳体。

（3）小心轻放吸尘器的附件，避免脚踩重压、强拗折叠和在粗糙的地面上拖拉，以免其扁瘪、破裂、折断或划伤。

（4）定期对过滤器进行清灰疏通，可用中性肥皂水清洗，晾干后再使用。纸质过滤器不能用水清洗，要经常更换，也可用拍击的方法清除积尘。

（5）吸尘器的外壳如有污垢黏附，可以用软抹布蘸肥皂水擦拭。不可用酒精、香蕉水、甲苯等化学溶剂擦拭，以免损坏机件。

5. 注意事项

（1）吸尘器连续使用时间一般不超过半小时，使用过程中如发现有焦味、冒烟和异常声音应立即关机，切断电源，停止使用。

（2）吸尘器吸管如有堵塞，应立即疏通。集尘袋中积尘多时要及时倒出，并经常清洗集尘袋，保持良好的通风道。

（3）吸尘器不能吸未熄灭的炉灰、烟蒂和具有腐蚀性的物品，也不能吸尖锐锋利的碎玻璃、破瓷片、刀片头等。一般非干湿型的吸尘器也不能吸水、湿尘和污泥。

（4）禁止使用未装过滤器的吸尘器，否则吸入的灰尘、垃圾直接进入吸尘器主机，会很快损坏主机。

（5）不要将吸尘器电源线强行拉过极限标志，以防损坏收线设备。使用结束要关闭吸尘器的电源开关，拔下插头，收放好电源线，清除集尘袋积尘，清洁附件并将其放回固定的位置。

（6）如发现吸尘器故障，不要随便打开吸尘器的主机室，更不能在通电时打开，以免发生触电危险。应将吸尘器送至该品牌维修站修理。

六、洗衣机

洗衣机主要分为两类：波轮式和滚筒式。波轮式洗衣机又分为双缸和全自动单桶两种。现在家庭中常见的是滚筒式洗衣机（见图2—4）和波轮式全自动单桶洗衣机（见图2—5）。

图2—4　滚筒式洗衣机

图2—5　波轮式全自动单桶洗衣机

1. 常用的操作按钮

洗衣机的常见操作面板如图2—6所示，不同品牌洗衣机的操作面板不同，请按说明书中的使用方法操作。

（1）"电源"按钮。当电源插头插上并打开水龙头后，可按下洗衣机"电源"按钮，洗衣机即为待机状态，可以进行下一步的操作。再次按下"电源"按钮即为切断电源。

（2）"水量"按钮。"水量"按钮是洗衣时用水量的选择键，可根据衣物的多少，选择合适的水位洗衣。

图 2—6　洗衣机操作面板

（3）"程序"按钮。"程序"按钮是洗衣全过程（浸泡→洗涤→漂洗→脱水）程序的选择键，可根据需洗涤衣物的脏污程度、面料等具体情况选择合适的程序。

（4）"启动／暂停"按钮。按下"启动／暂停"按钮后，洗衣机就开始洗衣；如果想要洗衣机暂停工作，可再按下"启动／暂停"按钮。

2. 操作步骤

（1）滚筒式洗衣机

第一步：插上电源插头。

第二步：放置好排水管，打开水龙头。

第三步：按下洗衣机"电源"按钮。

第四步：根据衣物类型选择洗涤的水温。

第五步：选择洗涤程序。

第六步：按下"启动／暂停"按钮，开始洗涤。

（2）波轮式洗衣机

第一步：插上电源插头。

第二步：打开水龙头。

第三步：按下洗衣机"电源"按钮。

第四步：根据衣物量选择水量。

第五步：选择洗涤程序。

第六步：按下"启动／暂停"按钮，开始洗涤。

3. 洗衣前的准备工作与洗后处置

（1）不同洗衣机的操作程序存在差异，使用前一定要认真阅读说明书，熟悉机器性能，特别是要弄清楚洗衣机一次能洗涤的衣物重量。

（2）洗涤前，应取出衣服口袋中的物品，并查看扣子是否松动，对有金属扣子和金属拉链的衣物，应将扣子扣好，拉链拉好，并将衣服内外翻转，以防划伤洗衣机内桶。毛衣、毛裤及面料细薄的衣物，应用洗衣网袋包裹起来，再进行洗涤。

（3）洗涤前做好衣物的分类。按内、外衣，颜色深、浅分类，预防衣物的毛屑相互粘连、搭色等，以提高洗涤效果；根据衣物的面料质量和脏污程度进行分类，确定洗涤的方式和洗涤的时间。

（4）洗衣前要将领口、袖口、脚口等特别脏污的地方预先处理。

（5）根据洗衣机说明书标示，投放适量的洗涤剂。如衣服脏污严重，可以适当多放一些。

（6）洗衣完毕，要拔下电源插头，关闭水龙头，放尽排水管里的余水。取出衣物后要用软抹布擦净洗衣机内外水渍，暂不关闭洗衣机的门或盖，晾几小时后方能关闭。滚筒式洗衣机门上的橡胶圈一定要擦干。

4. 注意事项

（1）插拔电源插头要用手捏住插头绝缘部分，不能用手拉电源线，以免损坏电源线。

（2）取出已洗涤好的衣物时，不要把水溅到操作面板上，以免水进入操作面板使机件发生故障。

（3）洗衣机上的旋钮应轻轻转动，切忌频繁地来回转动。转动各种控制旋钮时，要注意旋转方向，倒转或转到终点位置后继续强行旋转，将使洗衣机受到损坏。

（4）桶内衣物要均匀摆放。在脱水桶内放置衣物时，要尽可能放均匀，以免脱水桶偏摆、振动。若偏摆、振动严重，滚筒式洗衣机要暂停后重新启动，以调整偏摆；波轮式洗衣机暂停后可以手动调整，将衣服均匀放置后再启动。波轮式洗衣机在进行脱水操作时，严禁再添加衣物。

（5）洗衣机的放置要平稳，电源插座安装位置应确保用电安全，有异常应立即切断电源。如在洗衣机使用过程中发现波轮底部或进水管接头处漏水，或洗衣机发出不正常的响声和特殊气味，应立即切断电源进行修理。

技能要求

电磁炉的使用

操作准备

1. 电磁炉 1 个、各款锅具 3~4 个（其中只有 1 个含铁元素的平底锅）。

2. 插座 2 个（其中一个已插有使用中的电器，另一个没有）。

3. 软毛巾、钢丝球。

操作步骤

步骤 1　选择可靠的插座，开机。

选择没有插其他使用中电器的插座，开启电磁炉。

步骤 2　选择锅具。

选择含铁元素的平底锅。锅具连同食物不应超过 5 千克。

步骤 3　烧煮食物。

烧煮时电磁炉要放置平稳。操纵按钮时动作要快要轻，如图 2—7 所示。如果炉面有破损就不能再使用。使用过程中若风扇停止转动,应立即切断电源,停止使用。

步骤 4　关机。

步骤 5　清洁。

清洁时用软抹布擦拭,不能用硬物刮擦,如图 2—8 所示。刚用完的电磁炉炉面不能马上用冷水擦。

图 2—7　轻按电磁炉按钮　　　　　　　　图 2—8　清洁电磁炉

注意事项

1. 使用前应清除电磁炉表面和锅底的异物。

2. 电磁炉使用中不要将锅频繁从炉具上端离。

3. 使用时插头要插紧,不要与其他大功率电器同时使用一条线路。

用电饭锅煮饭

操作准备

1. 电饭锅 1 个、量杯 1 个、米（可用模拟的）、专用淘米笸 1 个。

2. 三眼插座 2 个,其中一路将接地线接好,另一路不安装接地线（相线用红色线,零线用黑色线,地线用黄绿色线）。

3. 软毛巾、钢丝球。

操作步骤

步骤 1　将淘洗干净的米和适量开水放入内锅，擦干内锅外面的水渍后放入外锅，左右晃动几下，使米平摊于锅底，如图 2—9 所示。

将淘洗干净的米放入内锅

擦干内锅外面的水渍

米平摊于锅底

图 2—9　淘米入锅

步骤 2　轻轻地转动几下内锅，使内锅底部与电热盘充分接触，如图 2—10 所示。

步骤 3　盖上锅盖，听到"咔嚓"声为止。

步骤 4　将电源插头插入有接地线的插座，并接通电源。按下"煮饭"按键，如图 2—11 所示。指示灯亮，电饭锅开始煮饭。

步骤 5　饭熟时，指示灯熄灭。保温 10

图 2—10　轻轻地转动内锅

分钟左右，将饭焖透。无须保温时，把电源插头拔下，切断电源。

注意事项

1. 使用前应清除电热盘表面及内锅底部异物，如图 2—12 所示。

图 2—11 按下"煮饭"按键

图 2—12 清洁电热盘

2. 使用时插头要插紧，不可空烧。

3. 不能煮酸性或碱性食物，不要让食物存放在电饭锅中过夜。

4. 内锅不能直接放在火焰上加热。

5. 不要与其他大功率电器同时使用一条线路，使用时必须接地线。

6. 用软抹布清洗内锅，不可用硬物刮擦。

微波炉的使用

操作准备

1. 微波炉 1 个。

2. 三眼插座 2 个，其中一路将接地线接好，另一路不安装接地线（相线用红色线，零线用黑色线，地线用黄绿色线）。

3. 各种盛放食物的器皿,如金属器皿、不锈钢器皿、带金属边的碗、微波炉专用碗等。

4. 各种食物，如肉、鱼、牛奶等。

5. 微波炉专用手套、软抹布、钢丝球、洗洁精。

操作步骤

步骤 1 选择正确的电源插座，开机。

应选择安装接地线的插座。

步骤 2 选择放置食物的器皿。

金属器皿、带金属配件的器皿、带金银边的器皿都不能使用，只能选择微波炉专用碗。

步骤 3　选择食物烹饪方式和加工时间。

打开炉门，将食物放入微波炉内，如图 2—13 所示。转动（或按下）火力开关选择所需加热方式，转动（或按下）定时器选定加热时间，开始加热或烹调。

步骤 4　戴好专用防护手套，取出加热后的食物，如图 2—14 所示。

图 2—13　将食物放入微波炉内

图 2—14　取出加热后的食物

步骤 5　清洁炉腔，如图 2—15 所示。

注意事项

1. 切勿使用金属器皿或带金银边的器皿，严禁空转。

2. 密封瓶、保鲜盒或袋装食品必须开口后放入加温。

3. 使用时插头要插紧，不要与其他大功率电器同时使用一条线路，使用时必须接地线。

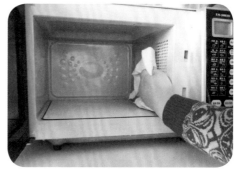

图 2—15　清洁炉腔

4. 加热烹饪时，人离开微波炉 1 米，防止微波伤害。

5. 如果炉内食物着火，切勿打开炉门，应立即拔去电源插头。

6. 用软抹布蘸洗洁精清洗微波炉后，用干布擦净，注意不要让水渗入炉缝或通风口。

冰箱的清洁

操作准备

1. 双门冰箱 1 台。

2. 冷藏室放食物，包括肉、鱼、蔬菜、水果、啤酒、鸡蛋等（可模拟）。

3. 清洁用品，包括手套、软抹布若干块、脸盆 2 个、洗洁精、软毛刷、钢丝球等。

操作步骤

步骤 1　切断冰箱电源，将冰箱内的食物取出，如图 2—16 所示。

步骤 2　在冰箱底下垫些抹布，让冷冻室自然化霜。

步骤 3　将冰箱内的搁板、果蔬盒、瓶框取出，用软抹布蘸着混有洗洁精的水擦洗，如图 2—17 所示。清洗完毕，用抹布擦干。

图 2—16　将冰箱内的食物取出

图 2—17　擦洗冰箱内的搁板

步骤 4　清洁冰箱外壳、拉手、门体和门封，如图 2—18 所示。如果油渍较难清除，可以用刷子蘸洗洁精轻刷。

步骤 5　清洁内胆。清洁冰箱照明开关和温控器等设备时，抹布要拧得干一点，防止水渗入，如图 2—19 所示。冷冻室的冰融化后，可以用抹布擦拭干净，不能用尖锐的工具铲凝结的冰。

图 2—18　清洁冰箱门封

图 2—19　清洁冰箱温控器

步骤 6　清洁完毕，接通电源，温度控制器设置到正确的位置，如图 2—20 所示。

步骤 7　各类食物的保鲜存放。注意蔬菜、水果正确摆放，熟食正确包装摆放，饮料、鸡蛋正确摆放，如图 2—21 所示。

图 2—20　设置温度控制器

图 2—21　食物的保鲜存放

注意事项

1. 各类食物按正确的保鲜要求进行存放，并注意保质期避免存放过久。

2. 食物有序摆放，热的食物待冷却后放入。

3. 清洁冰箱内外时切忌泼冷水和使用尖锐器具。

4. 启动后将冰箱门关紧减少耗电量，并尽量减少冰箱门的打开次数。

吸尘器的使用

操作准备

1. 吸尘器（包括各类附件）。

2. 地毯 1 块，上面有纸片、金属物等异物。

操作步骤

步骤 1　根据清扫地毯的要求，正确选择并安装好软管、弯管、接长管和吸嘴，如图 2—22 所示。

图2—22　安装接长管和吸嘴

步骤2　调节电源线长度，开启电源开关，如图2—23所示。

步骤3　进行清扫工作。先用手或扫帚清理掉地毯上不能用吸尘器吸的异物，然后使用吸尘器，如图2—24所示。清洁地毯有序，不遗漏。

图2—23　调节电源线长度　　　　　　　　图2—24　清洁地毯

步骤4　清扫完毕，拆卸附件，收电源线，如图2—25所示。

步骤5　清理安装集尘袋，如图2—26所示。清洁吸尘器外表面。将物品归位。

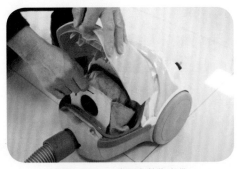

图2—25　收电源线　　　　　　　　　　　图2—26　清理安装集尘袋

注意事项

1. 不能用吸尘器吸水、金属物等。

2. 吸尘器吸管如有堵塞应立即疏通，集尘袋中积尘多时要及时倒掉，并经常清洁集尘袋。

3. 吸尘器连续使用时间不超过 30 分钟。

4. 使用中发现吸尘器有焦味或出现异常响声时，应立即停止使用。

5. 拔电源插头时，不能直接用手拉电源线。

洗衣机的使用

操作准备

1. 安装到位、可以使用的洗衣机 1 台。

2. 各类洗涤用品、洗涤用具、辅助的调理用品等。

3. 各种面料的衣物，内衣、外衣，颜色深浅不同的衣物等。

操作步骤

步骤 1　连接好洗衣机与自来水龙头，并打开水龙头，放好排水管，插上电源插头，接通电源，如图 2—27 所示。

步骤 2　将待洗衣物口袋内的东西掏出。有金属扣子和金属拉链的衣物，应将扣子扣好，拉链拉好，并将衣物内外翻转，如图 2—28 所示。毛衣、面料细薄的衣物及其他小件衣物放入洗衣网袋中，再进行洗涤，如图 2—29 所示。

图 2—27　接通电源

步骤 3　领口、袖口、裤脚口等脏的部位用手搓洗，如图 2—30 所示。将衣物按内衣、外衣，颜色深、浅，面料质量和脏污程度分别放入洗衣机。

步骤 4　打开洗衣机筒盖，放入所洗衣物，关闭筒盖，如图 2—31 所示。

步骤 5　根据衣物面料、数量在分配盒内投放适量洗衣粉（或中性、酸性洗涤剂）、调理剂，如图 2—32 所示。

图2—28 拉好金属拉链

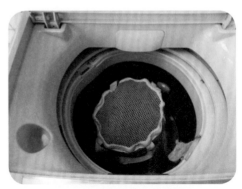

图2—29 将衣物装入洗衣网袋中

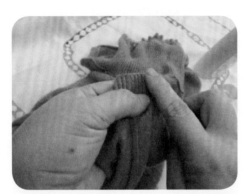

图2—30 脏的部位用手搓洗

图2—31 放入所洗衣物，关闭洗衣机筒盖

　　步骤6　设定浸泡时间、洗涤时的水温和洗涤程序，按下"启动/暂停"按钮，开始洗涤，如图2—33所示。

　　步骤7　洗衣结束，切断电源，关闭水龙头，打开筒盖，取出衣物，放尽排水管中

图 2—32　投放洗衣粉

图 2—33　设定程序，按下"启动 / 暂停"按钮

的余水。用干净抹布擦干洗衣机内外，待彻底晾干后关闭筒盖。滚筒式洗衣机的密封条要擦干净，如图 2—34 所示。

图 2—34　擦干密封条

注意事项

1. 必须看清衣物的洗涤标识，选择正确的洗涤方式。

2. 可机洗衣物做到内、外衣分开洗，颜色深、浅分开洗，特殊面料衣物放入洗衣网袋洗。

3. 根据面料选择衣物的浸泡时间和洗涤水温。

4. 脱水时不得随意打开洗衣机筒盖，防止发生意外。

5. 使用后洗衣机的筒盖要打开，擦干。

学习单元

❸

自我保护

🖐 学习目标

熟悉个人安全知识。

熟悉家庭意外事故的紧急处置方法。

掌握呼救常识。

💡 知识要求

家政服务员是以个体形式进入私人家庭，单独进行工作的一种比较特殊的职业。因此，家政服务员学会自我保护，掌握意外事故的紧急处置方法尤为重要。

一、个人安全

1. 增强自我保护的意识

（1）筑起思想防线，提高识别能力。家政服务员应消除贪图小便宜的心理，对雇主过于热情的馈赠应婉言拒绝，以免因小失大。一旦发现雇主对自己不怀好意，要倍加注意，应主动提出辞职，以保护自己不受伤害。

（2）行为端正，态度明朗。家政服务员要做到自尊、自爱。自己行为端正，坏人便无机可乘。如果自己态度明朗，对方会打消不良念头。若自己态度暧昧，模棱两可，对方就会增加幻想，继续纠缠。

（3）学会用法律武器保护自己。家政服务员要学会运用法律武器保护自己，千万注意不能"私了"，"私了"常会使犯罪分子得寸进尺。

（4）学一些防身术，提高防范的有效性。一般女性的体力均弱于男性，因此，家政服务员可以学一些女子防身术，以便在遇到心怀不轨的人时能击其要害部位，即使不能制服对方，也可制造逃离险境的机会。受到伤害要设法在犯罪嫌疑人身上留下印记，以作为追查、辨认嫌疑人时的证据。

2. 居家安全常识

（1）个人安全。家政服务员单独在雇主家服务时，不得以任何理由带陌生人到雇主家；如果有人敲门，必须问清情况，确认安全时才开门；如果有人以抄水表、抄煤气表、维修、替雇主家送物品等理由想进家门，在无法确定真假时，不妨婉言拒绝，待雇主家人回来后再说，千万不要轻易开门；居家服务的家政服务员晚间独自一人睡觉时，拉上窗帘，锁好门。

（2）食品安全。家政服务员要到正规的商店采购食物；买回家的新鲜蔬菜或多或少有农药残留，应放入清水中浸泡一段时间再烹饪；变质的食物一定要倒掉。

3. 预防意外事故

（1）防触电。家政服务员在雷雨天气，如在室外，不宜使用手机；室内应尽量少开视频类电器，以防雷击时电网发生故障，引发触电事故。

家政服务员初次使用家用电器前，最好能了解其性能，做到规范操作，避免不必要的损害。

（2）防高空坠落。家政服务员在没有安全措施的情况下，应拒绝进行高空擦窗等危险作业；登高取物或清洁时，应使用稳固的梯子，不要站在木箱、纸箱、旋转椅或其他不稳固的物品上，如果地面比较光滑，可铺设一些软布、纸板等物品以增加地面的摩擦力。家政服务员在工作时的衣着要便于活动，不宜穿裙子和高跟鞋。

（3）防交通意外。随着城市建设的日新月异，车辆和人流不断增长，道路交通日益繁忙。了解和掌握走路、乘车、骑车的基本交通安全知识，提高自身保护能力，可以避免交通事故的发生。

1）交通安全知识。城市的主要道路路面上有漆画的各种线条，这是交通标线。交通标线规定机动车在机动车道上行驶，非机动车在非机动车道上行驶。路口的一条白线是停止线，红灯亮时，各种车辆应该停在这条线内。路面上的一组白色平行线是人行横道线，行人在这里穿越马路最安全。

主要道路上设有行人护栏和隔离墩两种交通隔离设施。行人护栏是用来保护行人安全，防止行人横穿马路走入车行道和防止车辆驶入人行道的。隔离墩是安装在车行道上用来分隔机动车与非机动车或对向行驶的车辆的。行人不能随意跨越护栏和隔离墩。

在十字路口，各个方向都悬挂着红、黄、绿三色交通信号灯。红灯亮，禁止车辆直行或左转弯，在不妨碍行人和车辆通行的情况下，允许车辆右转弯；绿灯亮，准许车辆直行或转弯；黄灯亮，各种车辆必须停在路口停止线或人行横道线以内，已经驶过停止线的车辆，可以继续通行，黄灯闪烁，警告车辆注意安全。

2）交通文明行为

①过马路走横道线。走路时，思想要集中，不能三五成群并排行走。行人应在人行道内行走，没有人行道处靠右边行走；穿越马路应走人行横道；通过有交通信号灯控制的人行横道，应遵守信号灯的规定；通过没有交通信号灯控制的人行道，要左右张望，注意来往车辆。

②不能在汽车前、后急穿马路。因为车前、车后是驾驶员的视线死角，在此范围内急穿马路，容易造成车祸。

③文明乘车。外出乘坐公交车辆，应在站台上有秩序地候车。车停稳后，遵巡"先下后上"的原则。上车后要主动买票。遇到老、弱、病、残、孕和怀抱婴幼儿的人应主动让座。不能将头和手伸出窗外，做到文明乘车，确保安全。

二、家庭中意外事故的紧急处置

1. 火灾中的自我保护与逃生

因火灾丧生的人大多数死于中毒、窒息。所以在家庭火灾的扑救中必须加强自我保护，若扑救无效，火势越来越猛，则应及时逃生，具体做法如下。

（1）试开门缝、窗缝，如无烟火窜入，底楼住户应立即通过门窗逃生，楼上住户也应迅速下楼逃离。若楼梯已经着火，但火势尚不大，则可身披湿棉被、毯子冲下楼，逃离时应随手关门以减小火势。

（2）试开门窗，若有烟火窜入，则应立即关闭，减缓火焰进入室内的速度。

（3）火灾中的烟雾不仅呛人，而且含有大量有毒气体，会使人中毒死亡。因此在烟雾较大时，应用湿毛巾、湿手帕捂住口鼻，延缓毒气吸入体内，同时以俯身行走或爬行的方法尽快脱离火灾区。

（4）万一身上衣、帽着火，千万不可胡乱扑打或东奔西跑，以免因空气流动加快而使火势越来越大，甚至引起周围可燃物的燃烧。这时，正确的做法是尽快脱去燃烧的衣帽，如来不及脱衣可就地卧倒打滚，把身上的火苗压熄，如身边有水，则可用水浇灭。遇到他人衣服着火，也可采取同样的方法帮其扑灭。

（5）如果大火已将门窗封死，则应退至室内。不要在床下、壁柜等易燃的地方躲藏，应设法至卫生间等既无可燃物又有水源的空间躲避。关闭通往火区的门窗，有条件的话，还可向门窗浇水，以延缓火势蔓延。同时，如是白天，可向窗外挥动红色衣物或其他色彩鲜艳的衣物；如是晚上，可用红布包裹手电筒，向外摇晃照射，发出求救信号。要注意尽量避免大声呼叫，因为救火现场人声鼎沸，烟雾弥漫，呼救声不易被人听到，反而容易吸入大量有毒烟雾，引起中毒。

（6）楼上的住户在火势迫近而上述方法都无效时，可采用顺着绳子或撕开的被单连接而成的布条下滑逃生的方法。如果时间已不允许，低层住户可从窗台跳离火区时，可先往地上扔一些棉被等物，以增加缓冲；且不要直接站在窗台上往下跳，而应用手拉住窗台往下跳，这样既可降低高度，又能保证双脚先着地，减轻由坠落引起的损伤。

2. 触电事故的应急处置

当发现有人触电，不要惊慌，要先尽快切断电源。救护人员千万不要用手直接去拉触电的人，防止发生救护人员触电事故。应立即关闭电源开关或拔掉电源插头，无法及时找到或断开电源时，可用干燥的竹竿、木棒等绝缘物挑开电线。随后将脱离电源的触电者迅速移至通风干燥处仰卧，将其上衣和裤带放松，观察触电者有无呼吸，摸一摸颈动脉有无搏动，就地施行急救。若触电者呼吸和心跳均停止，应实施心肺复苏抢救，并及时打电话呼叫救护车，尽快将触电者送往医院。去医院途中应继续施救。

3. 电器火灾的处置

家用电器是日常生活中必不可少的工具，在给生活带来便利的同时也会发生突如其来的着火事故，家政服务员要学会正确的处理方法。

（1）如发现电器冒烟，立即关机，拔下电源插头或拉下总闸。

（2）如果是电视机、计算机着火，在关机或拔下电源插头后，可用湿棉被等覆盖，隔绝空气灭火。切记不得用水扑救，以防电视机显像管炸裂伤人。

（3）上述未经修理的电器，不得再接通电源继续使用，以免发生触电、火灾事故。

4. 刑事案件发生后的处置

（1）报案。案件发生后，应立即向住所附近的公安机关报案，提供案件的相关信息，如案件发生的地点、发现的时间、发现时现场的基本情况等，以便侦察人员及时赶赴现场，开展侦破工作。

（2）保护现场。保护现场是刑事案件发生后极为重要的一项处置措施。刑事犯罪案件，特别是入室盗窃、抢劫案件的现场，有大量的犯罪信息、痕迹、物证，是侦破案件的出发点，必须严加保护，等候侦察人员到达。只有当侦察人员到达并进行现场勘查之后，在他们的同意下才能清理现场，弄清被窃、被抢物品的具体情况。应配合公安机关侦破案件，有责任向公安机关实事求是地反映情况，详细地提供破案线索，如案件发生、发现的时间，案件造成的损失（被窃被物品的数量、品种、品牌、型号、新旧程度、特征等），造成的伤害情况，作案嫌疑人的体貌特征，案发前后或案发时看见的异常情况、听到的异常声音，接触的社会关系中可能作案的对象等。

5. 呼救常识

（1）公安报警。"110"报警电话是群众的保护网。110指挥中心接到群众的报警电话，会立即指挥案发地附近派出所民警和巡逻车赶赴现场。如果家中发生刑事案件或家政服务员受到雇主的调戏、威胁，可以拨打"110"报警。

拨打"110"报警电话，要注意话语简洁、明了，应报告案发的地点（区、街道、路名、门牌号码），时间和简单案情，切忌讲话啰唆，耽误时间。

严禁随意拨打"110"电话干扰指挥中心的工作，更不可谎报案情。110指挥中心计算机有主叫号码显示功能，报警者所使用的电话号码在拨通电话的同时也显示在指挥中心计算机屏幕上。对于乱打电话滋扰生事，甚至谎报案情者，公安机关将视情节给以处罚。

（2）火灾报警。火灾发生后应立即切断家中的电源、气源，然后拨打"119"火警电话。拨通电话后，应报告的主要内容为：火灾发生地点（区、街道、路名、门牌号码），燃烧物的种类（是电器火灾还是煤气、液化天然气火灾），火势燃烧状况（如燃烧在几楼、是否烧穿屋顶等）。

电话报警后，应到所报警的路口等候消防车，引导其尽快赶到火灾现场。

（3）医疗救护。如果自己或身边的人突然受伤或得了重病，且无法自行前往医院救治，可拨打电话"120"进行求救。打电话时一定要说清需要急救者所处的地址、年龄、性别、受的是什么伤（得了何种病）、现在情况如何。

模拟测试题

一、判断题（下列判断正确的请打"√"，错误的打"×"）

1. 家政服务员不要在同一时间、同一条电源线路上使用多种大功率家用电器。（ ）

2. 冰箱可以用来长期冷冻和冷藏食物，使食物保持新鲜卫生。（ ）

3. 在微波炉中使用的食物容器必须是耐热玻璃、专用陶瓷和专用塑料器皿。（ ）

4. 使用煤气灶时要打开厨房的窗或抽油烟机通风。（ ）

5. 煤气灶上烧煮食品时，家政服务员可抽空离开厨房，去干别的活，以提高效率。（ ）

6. 冬天可将湿的衣服、鞋袜、手帕、尿布等挂在取暖器上烘烤。（ ）

7. 遇有燃气泄漏，不可用打火机等明火源寻找泄漏点。（ ）

8. 在没有安全措施的情况下，应小心进行高空擦窗等危险作业。（ ）

9. 雇主不在家时，如果有人替雇主家送物品上门，家政服务员应热情接待。（ ）

10. 发生火灾时，底楼住户应立即通过无烟火窜入的门窗逃生。（ ）

二、单项选择题（下列每题有 4 个选项，其中只有 1 个是正确的，请将相应的字母填入题内的括号中）

1. 家用电器在使用时有不正常的响声、外壳过热或有异味时，应该（ ）。

    A. 尽快结束使用   B. 勉强继续使用

    C. 停止使用   D. 坚持使用

2. 一旦有人发生触电事故，应立即（ ）。

    A. 把人拉开   B. 打"110"   C. 进行抢救   D. 切断电源

3. 用微波炉加热食物时，人应离开微波炉（ ）米，防止微波伤害。

    A. 2   B. 1   C. 4   D. 3

4. 用微波炉加热的食物应使用（ ）盛放。

    A. 不锈钢碗   B. 一次性发泡塑料碗

    C. 搪瓷盆   D. 耐热玻璃器皿

5. 发生大量煤气泄漏事故时，千万不要立即（　　）。

A. 开灯　　　　　B. 开门　　　　　C. 开窗　　　　　D. 开水龙头

6. 发生家庭火灾，无力自救的情况下，应立即拨打"（　　）"报警电话。

A. 110　　　　　B. 120　　　　　C. 114　　　　　D. 119

7. 在狂风闪电的雷雨天气，最好（　　）。

A. 不开电视　　　B. 不开电灯　　　C. 停用所有电器　D. 不开电脑

8. 家政服务员为雇主选购食品要价廉物美，应尽量到（　　）采购。

A. 正规的商店　　B. 自由市场　　　C. 路边小店　　　D. 路边商贩

9. 发生火灾时，在拨打火灾报警电话后，应（　　）。

A. 离开现场　　　　　　　　　B. 到现场等候消防车

C. 现场救火　　　　　　　　　D. 到路口等消防车

10. 家中遇到撬窃时，家政服务员应立即报案，（　　）并配合公安机关侦破案件。

A. 打扫现场　　B. 保护现场　　　C. 离开现场　　　D. 整理现场

模拟测试题答案

一、判断题

1. √　2. ×　3. √　4. √　5. ×　6. ×　7. √　8. ×　9. ×　10. √

二、单项选择题

1. C　2. D　3. B　4. D　5. A　6. D　7. C　8. A　9. D　10. B

1

清洁工具及其使用

学习目标

了解家居保洁常用的工具。

掌握清洁工具的选择和使用。

知识要求

一、抹布

1. 抹布的材质

抹布的材质有多种。抹布按材质分类有纯棉抹布、木纤维制成的神奇抹布、无纺布抹布、海绵百洁布等，详见表 3—1。

表 3—1　　　　　　　　　　　　　　　　抹布的种类

种类	说明
纯棉抹布	蓬松、柔软，吸水吸污性强，擦拭物品不伤表面，易清洁消毒。适于清洁电器、家具、器皿等的表面污垢和灰尘
神奇抹布	吸水性强，具有强力吸收污垢和油渍的能力。牢固耐用，不掉绒毛，易洗快干，不发霉，无臭味。可用于洗餐具、擦台面，也可擦器皿、玻璃、电器和各种家具表面
无纺布抹布	透气性好，润湿后手感柔软，吸水、吸油性强，不损伤物品，不发霉，不发臭，不藏垢。可用于玻璃、电器、家具等表面的除尘，可清洗擦拭陶瓷餐具
海绵百洁布	吸水性特别好，去污力强。清洗陶瓷、不锈钢表面污垢省时省力。但海绵内气孔易滋生细菌，且百洁布较为粗糙，不能用于清洁细瓷餐具、有防黏结涂层的锅具、熨斗等

2．抹布的正确使用

（1）专布专用。根据不同清洁部位，使用专用抹布，切忌一抹到底，防止细菌交叉感染和交叉污染。

（2）折叠使用。抹布需紧贴被擦拭部位表面，顺势而擦。应遵从"从左到右（或从右到左）、先里后外、先上后下"的原则。为提高效率，使用时将抹布折 2 次叠成 4 层，正反 8 面，用脏了一面再用另一面，直到 8 面全部用脏后清洗再用。

（3）清洁消毒。使用搓洗干净的抹布清洁擦拭各部位表面，擦完要及时清洗抹布并晾晒在通风或向阳处，达到自然消毒灭菌的作用。油污过多的抹布如难以清洁应及时更换。

用水将抹布完全浸没，放进微波炉高火加热 2 分钟，可杀灭绝大部分细菌。

把抹布放进沸水煮 10 分钟，或浸泡在稀释好的消毒液（或漂白水）中 20~30 分钟，可以达到消毒的目的。

二、拖把

1. 拖把的种类

拖把是清洁各种不同材质地面的主要工具，有传统的棉条（线）拖把、轻巧易干的无纺布拖把、能取下拖把头洗涤的万能拖把、具有超强吸水能力的胶棉拖把等种类（见表 3—2）。

表 3—2　　　　　　　　　　拖把的种类

种类	特点
	棉条（线）拖把 吸水性强，清洁力尚可，但自身清洁较麻烦，晒不干的拖把头易产生异味、滋生细菌。使用一段时间后，拖把头会"掉毛"
	无纺布拖把 吸水性强，去污力强，耐磨性好，清洗简单，轻盈易干，不易霉变，不易"掉毛"。拖把头入水拧干后体积会变小，且越用越小。清洁大面积地面时，配合带有拧干器的水桶可事半功倍

续表

种类	特点
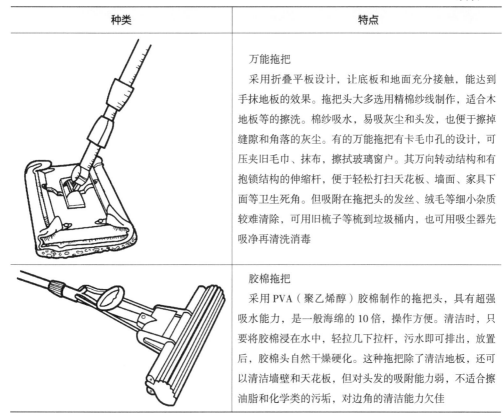	**万能拖把** 采用折叠平板设计，让底板和地面充分接触，能达到手抹地板的效果。拖把头大多选用精棉纱线制作，适合木地板等的擦洗。棉纱吸水，易吸灰尘和头发，也便于擦掉缝隙和角落的灰尘。有的万能拖把有卡毛巾孔的设计，可压夹旧毛巾、抹布，擦拭玻璃窗户。其万向转动结构和有抱锁结构的伸缩杆，便于轻松打扫天花板、墙面、家具下面等卫生死角。但吸附在拖把头的发丝、绒毛等细小杂质较难清除，可用旧梳子等梳到垃圾桶内，也可用吸尘器先吸净再清洗消毒
	胶棉拖把 采用 PVA（聚乙烯醇）胶棉制作的拖把头，具有超强吸水能力，是一般海绵的 10 倍，操作方便。清洁时，只要将胶棉浸在水中，轻拉几下拉杆，污水即可排出，放置后，胶棉头自然干燥硬化。这种拖把除了清洁地板，还可以清洁墙壁和天花板，但对头发的吸附能力弱，不适合擦油脂和化学类的污垢，对边角的清洁能力欠佳

2. 拖把的正确使用

（1）勤换水，勤搓洗。湿拖把可除去浮尘污渍，使用时，要向着一个方向拖地，要勤换水，勤搓洗，忌一拖到底。

（2）及时清洁消毒。任何材质的拖把，用完后都要用中性清洁剂清洗干净，也可放在配制好的消毒水中浸泡消毒。

（3）正确晾晒。棉质拖把在阳光下晾晒干燥能防潮湿防异味，但无纺布和胶棉材料的拖把要在通风处晾干，避免晒太阳，以防材料收缩、变形，影响保洁效果。

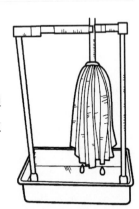

（4）正确放置。拖把不要堆放在地上。万能拖把可脱卸，拖把头清洗后放通风处晾晒；传统的棉条（线）拖把要在通风处悬空挂晾。切忌把没洗净的拖把放在门后，以免霉变滋生细菌，污染居室环境。

三、扫帚

1. 扫帚的材质

扫帚是扫地除尘的工具。传统的扫帚采用芦花、高粱秆、竹梢扎制，现在家用扫帚通常是由猪鬃或化纤材料制成的，比较轻巧，扫地时不易扬起灰尘，但使用后扫帚上易黏附垃圾、灰尘。

2. 扫帚的正确使用

（1）避免扬尘、污染。扫地时扫把不离地面，避免灰尘扬起。扫出的垃圾聚于一堆，及时扫入簸箕内。清扫完毕，扫帚放在簸箕中拿走，不得悬空或在地面上拖走，以免再次污染环境。

（2）为了不踩踏垃圾，应不断向前方扫，从狭窄处往宽广处清扫，从边角向中央清扫。清扫室内时，原则上由里向门口扫。

（3）及时清洗晾晒。每天使用扫帚后，及时清洗，放通风处晾晒，忌将粘满污垢的扫帚放门后或角落。

四、坐便器刷

坐便器刷（俗称"马桶刷"）是用于清洁坐便器的专用刷子。清洁坐便器时，在坐便器中倒入清洁剂等，用坐便器刷旋转刷洗，并冲洗干净。坐便器刷使用完毕，不要随意放置，应将刷子在污物清洁池（桶）内冲洗干净，把水沥干后，放入摆放坐便器刷的容器内。

要定期对坐便器刷喷洒消毒液或用消毒液浸泡坐便器刷。坐便器刷使用久了会脱毛，影响清洁坐便器的效果，还会藏污纳垢，因此建议定期更换。

五、清洁刷

日常生活中的清洁刷主要有锅刷、奶瓶刷、玻璃杯刷、鞋刷等，其主要作用是去除家居用品表面的浮尘、油垢、顽渍等。使用清洁刷时要注意以下要点。

1. 刷子清洗后，用手指拿面巾纸轻轻地按压刷毛，让水排出，然后让其自然风干，不要扭绞刷毛，否则易导致脱毛。

2. 刷子洗后应吊挂起来，让刷毛朝下晾干。

3. 不要逆毛清洗。

六、钢丝球

钢丝球的全称是金属钢丝清洁球，是常用清洁球的一种，可用于物体表面严重污垢的强力清洁，一般适用于锅底（有涂层的除外）、铝制品等的清洁。

瓷砖、不锈钢、不粘锅、木地板、浴室陶瓷用具、塑料用品等忌用钢丝球清洁。

清洁用品及其使用

学习目标

了解常用清洁用品的用途和适用范围。

掌握常用清洁用品的使用方法。

知识要求

一、洁厨用品

1. 洗洁精

洗洁精能迅速分解油污，快速去污除菌。使用时，可先将少量洗洁精挤于海绵或抹布上，清洁餐具和其他厨房用品；也可将洗洁精稀释在水里，用于浸洗蔬菜、水果和餐具（浸泡时间为 5 分钟），帮助去除表面残留农药等物质。浸洗过的蔬菜、水果和餐具必须用流动水冲洗干净。

2. 油污清洗剂

油污清洗剂是一种乳化剂，可以用于不锈钢、大理石等多种表面，可清除厨房特别油腻的污垢。

使用时，可将油污清洗剂喷在污垢处，稍待几分钟，等油污发生乳化、分解后用干抹布擦除，或用能吸水和油污的厨房纸巾擦拭。顽固的油污可用刷子蘸上油污清洗剂刷除。

3. 消毒清洁剂

消毒清洁剂一般用于水果、蔬菜、茶杯、餐具、砧板等的消毒，也可用于冰箱、电话机和其他硬质物件表面的洗涤消毒，可杀灭多种细菌。

可直接涂擦消毒清洁剂原液，或将其喷于待处理物表面，再用干抹布擦净；也可加水稀释消毒清洁剂后使用，稀释时要依据消毒清洁剂的使用说明，针对不同物品选择不同的稀释比例。

特别要注意的是，用消毒清洁剂清洁油漆表面时一定要慎重。如厨房吊橱油漆表面沾染油污，可用稀释后的消毒清洁剂在不显眼处试一下，证明对表面光亮度和颜色无影响后方可使用。

二、洁厕用品

1. 浴缸清洁剂

浴缸清洁剂为中性清洁剂，对浴缸表面及其附件无损伤，能清洁浴缸表面常见的皂渍、水垢、黄斑，并具有消毒、除臭功效，也可用于脸盆、瓷砖、搪瓷等表面的清洁。

2. 洁厕剂

洁厕剂的包装大多是专业导向式喷嘴结构，能使洁厕剂均匀地喷射在坐便器内壁四周，其特有的增稠剂成分能使其附着在坐便器内壁，用刷子轻刷后，用水冲净即可。

洁厕剂能够有效清洁杀菌，消毒除臭，确保坐便器清洁卫生，并且对坐便器表面无损伤。洁厕剂一般仅限于清洁坐便器，不可用来清洁瓷砖、地板等。

三、其他清洁用品

1. 玻璃清洁剂

玻璃清洁剂能分解玻璃表面污垢，去除玻璃表面的油污，彻底清洁玻璃，不留水痕，不易附灰，使用以后还能在玻璃表面形成一层光亮的薄膜，使玻璃不易再被污染。

使用时，要在距玻璃 20 厘米处均匀地将玻璃清洁剂喷在玻璃表面，再用擦窗器或干抹布轻轻擦拭即可。

2. 地毯清洁剂

使用时，应将地毯清洁剂均匀喷洒在污垢表面，待其充分渗透 3~5 分钟后，用干抹布或海绵进行局部清洁。地毯清洁剂可以去除油墨、酱汁、红茶、咖啡、污水等污渍，也可以用于清洁除革类以外各种材质的沙发、窗帘等处的污渍。

四、注意事项

1. 正确选用

无论哪种清洁剂，家政服务员在使用前都要仔细阅读使用说明书，了解稀释比例、使用范围等，并根据清洁部位的材质特点正确选用。

2. 不得混用

不可将几种清洁剂混合使用，避免对人体产生不可预知的伤害，也避免对要清洁的物品造成损坏。

3. 注意防护

使用清洁剂过程中，不要用手直接接触。建议穿戴橡胶手套，保护双手表面皮肤，气味重时，戴上口罩。清洁剂不慎入眼或触及皮肤都必须立即用清水冲洗。

4. 存放安全

清洁剂的存放位置要远离儿童可触及的范围，避免儿童误食。

学习单元

3

居室保洁

👆 **学习目标**

熟悉各居室整理、保洁的重点。

能够整理、保洁各居室。

💡 **知识要求**

居室整理、保洁是家政服务员的重点工作之一，也是衡量一个家政服务员工作能力、服务质量的重要环节。家政服务员只有了解各居室的不同功能和整理、保洁要求，了解雇主的生活习惯，才能提供满足其个性化要求的服务，才能使雇主称心满意。

家政服务员协助居室整理、保洁的基本原则是服从雇主生活需要，满足雇主进餐、交际、休闲娱乐、学习、睡眠和卫生盥洗等方面的要求。家政服务员做居室整理、保洁工作应选择雇主不在的时候，按照"先内后外，先上后下"的顺序进行。一般情况下的居室整理、保洁顺序是：卧室→起居室→书房→厨房→盥洗室。如雇主全天在家，则应避开雇主活动区域，不能打扰雇主的正常生活，更不能为了整理清扫，将雇主赶得团团转。

书房的整理往往由雇主自己负责，特别是书桌上堆放的稿纸、书信，千万不要随意整理和丢弃。家政服务员平时要主动听取雇主的意见，如雇主有特殊习惯或要求，应根据具体情况灵活掌握。

家政服务员在整理、保洁时，若需要移动家具和其他物品，要轻拿轻放，避免造成地板划痕和物品的破损，并记住物归原处。用于清洁居室中各个单元的清洁工具和清洁剂不能交叉使用。

一、卧室的保洁

卧室一般分为主卧室、次卧室，有的还有专门接待客人的客房。主卧室是居室中最具私密性的场所，次卧室常作为子女用房，是一个供子女成长活动的多功能区域。

卧室清洁与否，直接关系到居住者的健康，因此在清洁时必须做到认真、细致。应按照开窗→整理→清扫的基本程序完成清洁工作，使房间空气清新，无异味。卧室的整理工作必须等主人起床离开后进行。家政服务员协助卧室整理前，务必了解雇主对卧室的整理要求。

1. 床是卧室的中心，需要每天整理和清洁。卧具摆放应尊重雇主习惯，符合雇主喜好。

2. 每次清洁时要用柔软的干抹布对室内家具的表面进行擦拭，包括化妆镜面、镜灯、床头板。化妆台背面、床底等够不到的地方要经常用吸尘器清洁。

3. 清洁电视机、音响设备和灯具时要注意安全，清洁前要关闭电源或拔下插头。

4. 凡擦拭、移动过的化妆品、装饰品，都要根据雇主的习惯放回原来的位置。整理时如发现首饰未放入首饰盒内，要及时提醒雇主；如雇主不在，首饰应放在原位。

5. 孩子用的玩具，在整理的同时要注意定期清洗、消毒，保持玩具的清洁卫生。

🖥 **相关链接**

家具的清洁

清洁家具一般应使用棉纱、软抹布轻擦，要根据家具表面的不同材料，使用合适的清洁方法，否则会损坏家具表面。

1. 红木家具的清洁

红木家具通常雕刻有各种花纹，表面揩擦生漆，具有抗腐蚀、抗霉蛀、耐高温、耐水等优良性能，但易积灰尘。红木家具可用干抹布、湿抹布擦拭保洁，表面不能用现代清洁用品（如油污克星、碧丽珠等）保洁保养，粘上污垢也不能用金属等利器刮削。红木家具的雕花装饰部分要经常用软毛刷、细布条或微型吸尘器清洁。

2. 聚氨酯漆类家具的清洁

聚氨酯漆类家具具有较好的耐高温、耐腐蚀特点，但耐水性、耐磨性能不佳，平时要用柔软的干抹布擦拭保洁，还要定期打家具上光蜡保养。注意打过蜡的表面不能用湿抹布擦拭，以免擦去表面蜡层，影响家具光亮度。

3. 金属类家具的清洁

金属家具怕潮，表面易被氧化。平时要经常用柔软干抹布擦拭保洁，不能用湿抹布擦拭，更不能用水洗。如有污垢，可选用金属清洁剂清洁，再用上光蜡等揩抹；如有锈斑，可用软抹布擦拭，不能用砂纸等硬物摩擦，更不要用刀刮。

二、门厅的保洁

门厅是人们进出居室、活动频繁的区域，一般不大。作为家庭居室的入口，门厅是居室空间与户外空间的过渡区，是居家的门面。主人会根据自己的爱好精心装饰布置门厅，如挂一些绘画、书法作品等。门厅进门处常铺设地毯，有衣帽架、鞋柜、壁橱等。清洁门厅要做到以下几点。

1. 门厅的地毯、地面要经常用吸尘器清洁，门、门框、衣帽架、墙面、灯具、鞋柜等要经常用干净的干抹布依次擦拭，随时保持清洁。

2. 门厅的绘画、书法等装饰作品，应根据雇主要求，选择合适的清洁工具定期清洁。书画珍品的保洁要慎重，不要随意擦拭。

3. 雇主家人或客人进出时，要及时协助整理好衣帽架、鞋柜和壁橱，做到整洁有序。

三、客厅的保洁

客厅是家人日常休闲、会客、聚谈、视听和娱乐的场所，一般有沙发、组合柜、电视机、音响系统、家庭影院、立式空调等。客厅中央常铺有艺术地毯。有些家庭的客厅还有装饰性的壁炉、壁画、艺术挂件、花卉盆景等。客厅的保洁要求如下。

1. 整理前要开门窗通风。整理过程中需要移动的物品，要轻拿轻放，并记住物归原处。

2. 清洁沙发、组合橱柜、电视机时要用柔软的干抹布擦拭表面。墙面、墙上的绘画、饰品等，要根据其材质定期用鸡毛掸子掸扫或用吸尘器清洁表面和背面（名贵的书画作品要根据雇主意见处理）。

3. 对客厅里布置的各种花卉，要根据雇主的要求做好浇水、换水等日常的养护工作。

4. 客厅中的地毯要用吸尘器清洁，如不慎沾上果汁、咖啡等要及时处理。

5. 擦拭客厅阳台玻璃门窗时，家政服务员不应攀高，严禁翻越窗台，如使用家用折梯应注意安全，防滑防跌，注意个人防护。

6. 在雇主聚会时，如没有配合招待的需要，家政服务员要注意回避。雇主和客人离开后，家政服务员应及时收拾垃圾，清洗使用过的茶具等，晾干后放进橱柜。

💻 相关链接

墙面的清洁

1. 墙纸的清洁

墙纸表面都比较平整、光滑，一般不易积灰，平时经常用鸡毛掸子掸扫，或隔月用吸尘器清理即可。

2. 乳胶漆墙面的清洁

乳胶漆墙面表面都比较平整、光滑，不易积灰，也容易清洁。乳胶漆墙面沾上污垢后要立刻用拧干的湿抹布轻擦，避免损伤表面。乳胶漆墙面平时经常用鸡毛掸子掸扫，或隔几个月用吸尘器清理即可。

3. 瓷砖、大理石、玻化砖墙面的清洁

瓷砖、大理石、玻化砖一般用来装饰盥洗室和厨房的墙面，这些房间比较潮湿，墙面易被污染。应在使用后及时冲洗和擦拭墙面，如有积垢，可以先喷洒专用清洁剂，用海绵或抹布擦匀后，稍待片刻，再用清水冲洗，擦干。瓷砖、大理石、玻化砖墙面禁用钢丝球、百洁布等坚硬、粗糙的工具清洁，以免材料表面的保护层被破坏。

四、餐厅的保洁

餐厅是雇主家人用餐和招待亲朋好友的地方，一般配有餐桌椅、餐具柜、酒柜等。餐厅的地面有的铺大理石、玻化砖、地砖，有的铺木地板、地毯。保持餐厅整洁、美观很重要。餐厅的保洁要求如下。

1. 用餐前，要用干净的抹布擦拭桌面，按雇主习惯摆放好餐具。

2. 用餐后收拾完餐具，先用蘸着稀释洗洁精的抹布擦拭餐桌，再用清水将抹布搓洗干净，再次对餐桌进行擦拭。

3. 用餐时若有洒落的饭菜、汤水应及时清扫、擦拭。

4. 擦拭餐桌的抹布要专用，用完后要搓洗干净，单独晾挂，以免交叉使用产生细菌。

5. 用干净抹布擦拭餐具柜、酒柜和餐桌椅的表面，餐具柜、酒柜的背面和底下要定期用吸尘器清洁积尘。清洁完毕将桌椅放置整齐。

💻 相关链接

地面的清洁

1. 打蜡地板的清洁

表面未刷油漆的打蜡地板每天可用软扫帚清扫，也可用布拖把或蜡拖把顺着地板的纹路拖扫，每隔一段时间要上地板油或打地板蜡，使地板保持光亮，延长地板寿命。打蜡的基本原则是"勤、少、薄"。

2. 油漆地板的清洁

油漆地板平时可用软扫帚清扫，也可用吸尘器清洁。如有污迹，可用半干的抹布或拖把擦拭，注意抹布不能太湿，以防地板受潮变形。不要用汽油、苯、香蕉水等有机溶剂擦拭，以免损伤地板表面的油漆。

3．复合地板的清洁

复合地板由天然纤维复合而成，表面经特殊处理，能耐高温、耐酸碱，也比较耐磨，不易损坏。复合地板保洁要求与油漆地板相似。

4．砖石材料地面的清洁

大理石、玻化砖、地砖地面装饰效果好，坚固耐用，防火防潮，容易清洁，但是吸水性差。这些材料的地面如有水渍要马上擦干，以防不小心滑倒。大理石、玻化砖、地砖地面平时用软扫帚清扫，脏了可用拧干的湿拖把拖洗。如有油污等污垢，可先用地砖清洁剂或洗洁精等清洁，再用湿拖把拖净。

五、厨房的保洁

厨房是膳食烹饪的场所，一般都安装抽油烟机、燃气热水器、放置炊餐具的橱柜和日常烹饪操作台，有的还放置冰箱等家用电器。也有不少家庭厨房和餐厅相通，构成开放式厨房。厨房里经常要使用水、电、气，因此它不仅是必需的生活空间，更直接关系到家庭成员的健康与安全。

在日常的烹饪过程中，厨房设施很容易沾上油污，清理有毒、有害物质的需求也最为迫切，是日常生活中保洁的重点。

1．整理原则

（1）卫生。家政服务员在厨房里工作，只要手接触了脏东西，就要马上洗手，洗的时候，手指、指缝、手腕都要洗干净。清洗餐具、炊具，擦拭灶台、橱柜的抹布一定要分清，做到分开使用、分开清洗、分开晾晒。刷子、抹布应挂放于通风处。

（2）安全。烦琐的整理清洁工作要做到忙而有序，安全第一。煤气点燃的情况下，家政服务员要在旁照看。电炊具使用时要注意操作安全，不常用的电器用过之后要马上切断电源，不用湿抹布抹擦开关面板及电源面板。

用洗洁精清洗的餐具和食物一定要用清水冲洗干净后方可使用和食用。各种厨房清洁剂应集中放置在厨房某个位置，远离食物和餐具，远离孩子。

（3）整洁。炊具、餐具洗涤后，可放在餐具架上让其自然晾干。盆、碗等按大小归类后，有序放入橱柜，不常用的放靠里面，常用的放靠外面，随手可取。要小心摆放，防止磕碰、摔坏。

2. 清洁要求

厨房清洁要去除厨房的湿气、异物、臭味，应尽可能使厨房通气、换气，由上到下、由里到外、由角到面清洁，使每一件厨房用具干净、整齐、卫生。

（1）餐具的清洗。餐具主要包括碗碟、茶杯、筷子、汤勺、刀叉等。不同类型、不同脏污程度、不同异味类型的餐具，清洁的方法有所不同。

洗涤时先洗小件餐具再洗大件餐具，先洗不带油的餐具再洗带油的餐具，先洗碗筷后洗锅盆，边洗边按顺序摆放，餐具清洗完毕均要晾干后放入橱柜。

1）陶、瓷餐具。这类餐具餐后一般用热水洗涤，如有油污，可在抹布上滴少许清洁剂，逐个擦洗油碗，然后用清水冲洗，晾干备用。

2）不锈钢餐具。这类餐具用软抹布清洗，洗后要擦干，不要留有水渍，不能长时间盛放强酸强碱性食物，以防餐具中铬、镍等金属元素溶出。切勿用强碱或强氧化性化学药剂洗涤。

3）铁、铝餐具。洗涤铁、铝餐具时避免用强酸或氧化性化学药剂。一般选择中性清洁剂洗涤，用清水冲洗干净，用干净软抹布将水渍擦干备用。

4）塑料餐具。塑料餐具用清洁剂洗涤后，必须用清水反复冲净，沥水晾干备用。不要用杂酚皂液清洗，否则会使表面软化发黏。

5）筷子。餐后筷子一般用热水洗涤，如有油污，可在抹布上滴少许清洁剂，擦洗后用清水冲洗，晾干备用。

（2）锅具的清洗。锅具的材料品种很多,有不锈钢锅、不粘锅、铁锅、铝锅、铝合金锅、电炒锅、电饭锅等。无论是做饭还是做菜，每次用完都要及时清洗锅具。

1）锅具清洗后要擦干，放在通风干燥处，必免受潮，不要长期用水浸泡。锅上有水渍，要及时用软抹布、厨房用纸擦干，不要让其自行晾干。

2）锅底若有烧焦后的黏结物，不能用金属锐器铲刮，也不能用钢丝球、百洁布等粗糙的清洁工具擦洗，应用水浸软后，用竹、木器轻轻刮去，再用软抹布洗净。

3）锅具如果沾有油污，可浸入淘米水、剩面汤或有清洁剂的水中刷洗，然后用清水洗净，也可在烧煮时，趁热用干布擦净。

4）若锅具表面有雾状物或被烟气熏黑，可用软抹布蘸去污粉或清洁剂等擦抹，再用清水洗净后擦干。

5）特别要注意不粘锅表面不能用粗糙的清洁工具擦洗，如有黏结物，可用水浸泡后，用软抹布洗净。

（3）烹饪操作台的清洁。烹饪操作台包括燃气灶、水斗、水龙头、不同材质的操作台面等，每天使用后要及时清洁，去除油渍、酱渍、水渍等污渍，保持整洁有序。

1）烹饪时溅在燃气灶上的油污可趁热用干布或用厨房用纸擦净。对燃气灶、锅架上累积的油污，可先用油污清洁剂喷湿厨房用纸，覆盖在上面，待15分钟后进行清洁。切勿用钢丝球、百洁布等较粗糙的清洁工具擦洗。

2）操作台面、燃气灶边的瓷砖可先用抹布蘸适量洗洁精擦拭，再用清洁湿抹布擦拭，保持台面清洁无油污。对瓷砖缝隙等难以清洗的地方，可以用旧牙刷刷洗。

3）凡用过的炊具、刀具、砧板、调味罐等，要及时清洗、晾干，移动过的物品要整理归位，摆放美观有序。

4）水斗滤水盖等特别容易积垢的地方可以用软抹布蘸些去污粉擦洗，用抹布擦干。

5）若水龙头里有硬水沉积物，将柠檬片向着龙头嘴用力按压并转动几次便能清除。清洁后的水龙头用干抹布擦干。

（4）抽油烟机的清洁。抽油烟机是厨具中最难清洁的用具，由于每天直接与油烟接触，油烟常呈焦油状沉积在风扇叶及其附件上，因此在每次烹饪结束后，应及时清洁油污。具体清洁方法、步骤如下。

1）烹饪结束后可将油污清洁剂喷洒在软抹布上，清洁抽油烟机的外壳，及时去除油污，再用清洁抹布将其擦净。

2）如抽油烟机风扇叶上有油污，可将风扇叶拆卸下来清洗。将风扇叶和其他沾上油污的零件拆下后，用厨房用纸或纸巾包裹，往纸上均匀喷洒油污清洁剂，静置

10~20 分钟后将纸巾撕下，揉成团后擦拭风扇叶和其他零件，再用清水冲洗干净，用干抹布擦干。

3）如抽油烟机内滤油网、风扇叶上的油污难以擦拭，可将其浸泡在稀释的油污清洁剂中，待油污浮起，用牙刷或软抹布刷洗。

4）清洁抽油烟机时，低速开启抽油烟机，将油污清洁剂对准叶轮连续喷洒，喷洒后即关闭抽油烟机，待 20 分钟后，深褐色的油污会自动流入油杯，倒去油杯中的油污，用清水冲洗干净，擦干。

5）清洁滤网式抽油烟机时，在水斗内放清水，以能浸没滤网为宜，倒入油污清洁剂（约 30 毫升）搅匀，取下滤网浸泡 1 小时以上，取出后用清水冲洗干净，擦干。

（5）橱柜的清洁。橱柜用于存放炊具、餐具和烹饪用品，需要认真清洁整理。做好橱柜清洁卫生工作可以避免洗净的炊具、餐具二次污染，橱柜清洁也是防蛀、防鼠、防蟑螂的重要环节。

橱柜的表面可用干净抹布从上到下擦拭，及时清除烹饪时沾上的油污。如有严重污渍，可根据材质先涂抹油污清洁剂等，然后用抹布蘸清水湿擦，最后用干抹布擦净。橱柜内的物品要定期取出擦拭、整理，橱柜内隔层要从里到外用抹布蘸清洁剂擦拭，擦拭结束将橱柜内的物品放回原位。

六、盥洗室的保洁

盥洗室也称卫生间，常分主卫和次卫，浴缸或淋浴房、台盆、坐便器是其基本的配置。

盥洗室比较潮湿，易产生污浊气味和霉菌，整理清洁要特别注意先后顺序，避免造成交叉污染。应按照台盆→镜面→浴缸→坐便器→墙面→隔门→门→门框→地面的顺序清洁。浴帘、沐浴品搁架、防滑踏脚垫等都要冲洗干净并整理好。墙面有积垢，可先喷洒瓷砖清洁剂，用抹布擦匀，再用清水冲净并擦干。定期使用带伸缩竿的工具擦拭、清洁盥洗室的顶部。保持盥洗室清洁、干燥、无异味。

盥洗室各部位的清洁工具要各司其职。清洁用的抹布一定要根据用途做到分开使用，分开洗涤，分开晾晒和分开放置，切不可混用。

盥洗室清洁时具体要做到以下几点。

1. 清洁台盆、化妆台、化妆镜等

每天要用柔软的干抹布擦拭化妆镜面、镜灯和化妆台表面，做到无灰尘、污渍、污垢、水渍等。台盆上下水和溢水口要保持通畅无阻，台盆及化妆台下面要做到无灰尘、污渍和污垢。化妆台上的物品码放整齐。

2. 清洁浴缸

应用柔软的抹布擦拭浴缸，做到表面无铁锈斑迹、污渍、皂垢；釉面色泽光亮，无损伤等。

3. 清洁坐便器

清洁坐便器时要依据先上后下的顺序擦拭，避免造成交叉污染。要做到内壁无污渍、污垢；外部无灰尘、污渍、污垢及明显的水渍；釉面色泽光亮，无损伤；上下水通畅无阻；坐便器上盖板无水渍等。

4. 定期消毒

除日常做好台盆、浴缸、坐便器等的清洁外，还要定期做好消毒工作。一般家庭选用含氯消毒剂，其对各种病原微生物均有较强的杀灭作用，杀菌效果好，经济实惠。

技能要求

餐具、锅具的保洁

操作准备

厨房橱柜，瓷餐具（包括盘、碗、勺），不粘锅，不锈钢锅，铁锅，铝锅，水斗，水龙头，干抹布，湿抹布，清洁剂，厨房用纸，百洁布，钢丝球。

操作步骤

步骤1　清洁瓷餐具。

先洗小件餐具再洗大件餐具，先洗不带油的餐具再洗带油的餐具。先用热水洗涤，如有油污，可在抹布上滴少许清洁剂，逐个擦洗油碗，然后用清水冲洗，边洗边按顺序摆放，如图 3—1 所示。餐具清洗完毕，晾干后有序放入橱柜。

步骤 2　清洁锅具。

不粘锅、不锈钢锅用软抹布擦洗，不能用钢丝球、百洁布等粗糙的抹布。如锅底有黏结物，可用水浸泡后，用软抹布洗净。锅具清洗后要擦干，放在通风干燥处，如图 3—2 所示。

图 3—1　清洁餐具

图 3—2　清洁锅具

步骤 3　清洁水斗等。

逐一擦拭水斗、水龙头，清理滤网杂物，如图 3—3 所示。清洁后表面无油污、水渍和其他污垢。

步骤 4　整理。

洗净清洁工具并挂放归位，将清洁剂存放到位。

注意事项

1. 注意环保，尽量少使用清洁剂。

2. 正确使用清洁工具。

图 3—3　清理滤网杂物

烹饪台的保洁

操作准备

烹饪台（带橱柜、瓷砖墙面），调味罐，水斗，水龙头，小挂钩，干抹布，湿抹布，清洁剂，厨房用纸，弯头小刷子。

操作步骤

步骤1　清洁烹饪台面。

将调味罐等移开，用抹布蘸适量清洁剂擦拭烹饪台面，再用清洁湿抹布擦干净清洁剂，做到表面无油污或水渍。将移动过的物品擦干净，有序摆放，如图3—4所示。

步骤2　清洁瓷砖墙面。

可先用抹布蘸适量清洁剂擦拭，再用清洁湿抹布擦净清洁剂。对瓷砖缝隙等难以清洗的地方，可以借助旧牙刷刷洗，如图3—5所示。

图3—4　清洁烹饪台面

图3—5　清洁瓷砖墙面

步骤3　清洁橱柜。

用清洁抹布从上到下擦拭油污。如有顽固污渍，可根据材质先涂抹油污清洁剂等，然后用抹布蘸清水湿擦，最后用干抹布擦净，如图3—6所示。

步骤4　清洁水斗、水龙头。

逐一擦拭水斗、水龙头，如图3—7所示。清理滤网杂物。清洁后表面无油污、水渍和其他污垢。

图3—6　清洁橱柜

图3—7　清洁水斗、水龙头

步骤 5 整理。

洗净清洁工具并挂放归位，将清洁剂存放到位。

注意事项

1. 注意环保，尽量少使用清洁剂。

2. 正确使用抹布，禁用钢丝球、百洁布等较粗糙的清洁工具擦洗。

抽油烟机的保洁

操作准备

燃气灶、抽油烟机、操作台面、水斗、水龙头、干抹布、湿抹布、油污清洁剂、厨房用纸、报纸、小刷子、百洁布。

操作步骤

步骤 1 清洁机身。

将油污清洁剂喷洒在软抹布上，用软抹布清洁抽油烟机的外壳，再用清洁抹布擦净，如图 3—8 所示。

图 3—8 清洁机身

步骤 2 清洁风扇叶。

将抽油烟机下面的燃气灶用报纸覆盖好，低速开启抽油烟机，将油污清洁剂对准叶轮连续喷洒，如图 3—9 所示。喷洒油污清洁剂后关闭抽油烟机，待 20 分钟后，深褐色的油垢会自动流入油杯。用厨房用纸或纸巾将抽油烟机风扇叶上的

图 3—9 清洁风扇叶

油污擦干净。

步骤 3　清洁滤油网。

将滤油网拆卸下来用纸巾包裹起来，往纸巾上均匀喷洒油污清洁剂，静置 10~20 分钟后将纸巾撕下，揉成团后擦拭滤油网，再用清水冲洗，擦干。如油污难以擦拭，可将滤油网浸泡在稀释的油污清洁剂中，待油污浮起，用刷子或软抹布刷洗滤油网，如图 3—10 所示。

图 3—10　清洁滤油网

步骤 4　清洁油杯。

倒去油杯中的油污，用清洁剂清洗后，再用清水冲洗干净，擦干，安装好，如图 3—11 所示。

图 3—11　清洁油杯

步骤 5　清洁燃气灶。

移开灶台架，用干抹布或厨房用纸擦净油污（趁热效果更佳）。对严重的油污，可先用油污清洁剂喷湿厨房用纸，覆盖在上面，待 15 分钟后进行清洁。燃气灶上留有的碳化物和焦屑可用小刷子清除，再用清洁抹布擦干净，如图 3—12 所示。做到表面无油污或水渍。

图 3—12　清洁燃气灶

步骤 6　整理。

洗净清洁工具并挂放归位，将清洁剂存放到位。

注意事项

1. 经常清洗，保持抽油烟机干净。

2. 注意环保，尽量少使用清洁剂，可利用热水等帮助清除。

3. 正确使用清洁工具，禁止使用钢丝球等粗糙的清洁工具。

4. 清洗抽油烟机外壳时，不可用洗衣粉、浓碱水等容易破坏油漆表面光洁度的清洁用品。

盥洗室台盆的保洁

操作准备

盥洗室台盆（包括水龙头、镜子），清洁剂，台面上洗漱护肤用品等。

操作步骤

步骤 1　清洁镜面。

若镜面有斑渍，可在离镜面 20 厘米处喷洒玻璃清洁剂，使其均匀地喷在镜子表面，稍待片刻，用干抹布轻轻擦净镜面。若镜面有水渍，则用柔软的干抹布擦净，擦亮，如图 3—13 所示。

步骤 2　清洁水龙头。

用干净抹布擦去水龙头上的污渍、水渍，使水龙头光亮、清洁，如图 3—14 所示。

步骤 3　清洁台盆。

台盆的表面、接缝处、排水口如有污渍、水垢和锈斑可用浴室清洁剂等轻喷，过 5 分钟后用干抹布擦去，再用清水洗净，如图 3—15 所示。

图3—13 清洁镜面

图3—14 清洁水龙头

步骤4 清洁面板。

面板上摆放着的洗护用品如洗发液、沐浴露等的瓶身要用抹布擦干净，做到洗护用品瓶的表面没有黏附物和水渍，并按雇主习惯整理归位。用干净抹布擦净面板，做到无水渍、污渍，如图3—16所示。

图3—15 清洁台盆

图3—16 清洁面板

步骤5 整理。

将清洁工具、清洁剂整理归位，清洗抹布，分开晾晒。

注意事项

1. 清洁时应使用抹布，不宜使用硬毛刷，禁用钢丝球、百洁布等，以免损坏台盆表面的保护层。

2. 清洁做到无皂垢、水垢，不留水痕。

淋浴房的保洁

操作准备

淋浴房、玻璃门、面盆、淋浴垫、各种清洁剂、干抹布、湿抹布、橡胶手套、塑料软刷、沐浴露、洗发液等。

操作步骤

步骤 1　清洁墙面。

清洁时可以用水冲洗。如有积垢，可以先喷洒瓷砖清洁剂或浴缸清洁剂，用海绵或抹布擦匀，稍待片刻，再用清水冲洗干净，如图 3—17 所示。

步骤 2　清洁玻璃门。

在距玻璃 20 厘米处喷洒玻璃清洁剂，使其均匀地喷在玻璃表面，用擦窗器或干抹布轻轻擦拭即可，如图 3—18 所示。做到整体洁净，无污渍，无水渍。

图 3—17　清洁墙面　　　　　　　　　图 3—18　清洁玻璃门

步骤 3　清洁搁架。

先将搁架上的沐浴用品挪移，再用水冲洗、擦净搁架。擦净沐浴用品瓶外面的黏附物、水渍后将其归放回原处，如图 3—19 所示。

步骤 4　清洁地面。

淋浴房地面如有污垢或油污，可先用塑料软刷蘸地砖清洁剂、洗洁精等刷洗，再用湿抹布擦干净，做到无污物，地漏上无发丝黏附，如图 3—20 所示。

图 3—19　清洁沐浴品搁架

图 3—20　清洁地面

步骤 5　清洁水龙头及水管。

用清水冲洗水龙头和水管，擦净，如有污垢，可用干抹布蘸牙膏在污垢处反复擦洗，使水龙头和水管保持洁净光亮，如图 3—21 所示。

步骤 6　清洁淋浴垫。

用清水冲洗淋浴垫，如有污渍，倒少许洗洁精，用软刷刷洗，然后用清水冲洗，晾干，如图 3—22 所示。

图 3—21　清洁水龙头

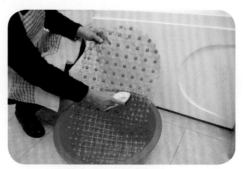

图 3—22　清洁淋浴垫

步骤 7　整理。

洗净抹布，并将所有清洁工具和用品归位。

注意事项

1. 禁用钢丝球、百洁布等粗糙的清洁工具。

2. 清洁仔细，无死角。

3. 正确使用抹布。

坐便器的保洁

操作准备

普通坐便器、污物清洗池、各种清洁剂、干抹布、湿抹布、带柄坐便器刷、橡胶手套。

操作步骤

步骤 1　用清水冲净坐便器内污物，戴上橡胶手套，选择洁厕剂，以环绕的手法将洁厕剂均匀喷洒于坐便器内侧暗沟污垢上，静置片刻，如图 3—23 所示。

步骤 2　用坐便器刷轻刷坐便器内壁，抽水清洗。如有顽固污垢，可将洁厕剂多置留一些时间，并辅以坐便器刷轻刷，抽水冲洗，如图 3—24 所示。

图 3—23　将洁厕剂喷洒于坐便器内侧暗沟

图 3—24　用坐便器刷轻刷坐便器内壁

步骤 3　用专用抹布依次擦拭坐便器水箱、翻盖、外表、垫圈，如图 3—25 所示。注意擦洗过程中要勤洗抹布，避免交叉污染。

步骤 4　用专用抹布擦拭坐便器底座和附近地面，如图 3—26 所示。

图 3—25　擦拭坐便器

图 3—26　擦拭坐便器底座

步骤 5　将使用过的刷子、抹布在污物清洗池分别进行清洗，如图 3—27 所示。

整理清洁剂并归位。

注意事项

1. 清洁后做到洁净，无污渍，无水渍，无异味，无发丝黏附。

2. 使用洁厕剂时可戴上手套，并注意不要与漂白水或其他化学用品混用。

3. 注意擦洗过程中抹布不能混用，要分开清洗，分开晾晒。

图 3—27　清洗抹布

模拟测试题

一、判断题（下列判断正确的打"√"，错误的打"×"）

1. 整理卧室应选择雇主在家时，按"先内后外，先上后下"的顺序进行。　（　　）

2. 每天要用柔软的干抹布擦拭化妆镜面、镜灯和化妆台表面。　（　　）

3. 雇主和客人离开客厅后，家政服务员要及时清洗各种使用过的茶具等，并马上放进橱柜。　（　　）

4. 洗涤餐具一般按照"先洗小件再洗大件"的顺序进行。　（　　）

5. 锅具、餐具清洗后，应马上放入橱柜以防污染。　（　　）

6. 在抽油烟机表面喷油污清洁剂后，应用清洁的湿抹布擦净油污。　（　　）

7. 每天要用油污清洁剂擦拭橱柜的表面，及时清除烹饪时沾上的油污。　（　　）

8. 瓷砖、大理石、玻化砖墙面上的污垢可用钢丝球、百洁布等工具清洁。　（　　）

9. 厨房、起居室、卧室、盥洗室清洁使用的抹布都要分清，不能混用，也不能放在一个盆里清洗。　（　　）

10. 用洗洁精清洗的餐具和食物，即可用餐和食用。　（　　）

二、单项选择题（下列每题有 4 个选项，其中只有 1 个是正确的，请将相应的字母填入题内的括号中）

1. 在整理清洁时需要移动的家具，要轻拿轻放，并记住（　　）。
   A. 擦拭干净　　　B. 妥善放好　　　C. 摆放整齐　　　D. 物归原处

2. 家政服务员整理床铺必须按（　　）要求进行。
   A. 季节特点　　　B. 整洁美观　　　C. 雇主习惯　　　D. 自己习惯

3. 在整理清洁时需要移动的化妆品、装饰品，要根据（　　）放回原处。
   A. 方便需要　　　B. 美观需要　　　C. 雇主习惯　　　D. 自己习惯

4. 擦拭餐桌的抹布要（　　），用完后要搓洗干净，单独晾挂，以免交叉污染。
   A. 干燥　　　B. 湿润　　　C. 干净　　　D. 专用

5. 家政服务员在进行客厅清洁时，首先应（　　　）。

　　A. 清扫地面　　　B. 擦拭家具　　　C. 开窗换气　　　D. 整理摆放

6. 炊具、餐具清洗完，均要（　　　）放入橱柜。

　　A. 马上　　　　　B. 晾干后　　　　C. 稍后　　　　　D. 消毒后

7. 厨房橱柜内的物品要（　　　）取出擦拭整理，并放回原位。

　　A. 每天　　　　　B. 隔天　　　　　C. 每周　　　　　D. 定期

8. 在使用挥发性强、有刺激性气味的清洁剂时，应戴上（　　　）。

　　A. 帽子　　　　　B. 手套　　　　　C. 围裙　　　　　D. 口罩

9. 家政服务员清洁盥洗室各部位时应特别注意（　　　）。

　　A. 脸盆的清洁　　　　　　　　B. 坐便器的清洁

　　C. 抹布分开使用　　　　　　　D. 浴缸的清洁

10. 拖把用完要清洗干净，放在（　　　）晾干。

　　A. 卫生间　　　　B. 角落里　　　　C. 通风处　　　　D. 阳台上

模拟测试题答案

一、判断题

1. ×　2. √　3. ×　4. √　5. ×　6. ×　7. ×　8. ×　9. √　10. ×

二、单项选择题

1. D　2. C　3. C　4. D　5. C　6. B　7. D　8. D　9. C　10. C

项目

04

家常菜的烹饪

学习单元

家常菜的切配

学习目标

了解刀与砧板的使用与保养。

熟悉刀工的作用和一般原料的成形方法。

掌握蔬菜的保鲜、储存和初加工方法。

掌握配菜的方法。

知识要求

一、刀与砧板的使用与保养

1. 刀的使用与保养

刀必须保持锋利、不生锈，确保经刀工处理的原料形状整齐、均匀、美观。

在切咸味、有黏性或腥味的原料，如咸菜、藕、鱼、茭白、山药等时，黏附在刀面上的物质容易使刀身氧化、变色、锈蚀，因此，刀用完后必须用清洁的抹布擦干水和污物。长时间不用的刀，应擦干后在表面涂上一层油，以防生锈。刀使用完后应放在安全、干燥处，以防刀刃损伤或不慎伤人。

2. 砧板的使用与保养

新购买的砧板可在盐水中浸泡，或不时地用水和盐涂淋表面，使砧板的木质收缩，更为结实、耐用。

使用时应经常转动砧板面，使表面各处能均匀用到，延缓砧板凹凸不平现象的产生。

每次用完应将砧板刮净，刷净，晾干，竖起来放置。忌在太阳下暴晒，以防干裂。

二、刀工的作用

刀工能改变和决定原料的形状，对菜肴制成后的许多方面起重要作用。

1. 便于成熟

大块的原料通过刀工处理，成为整齐划一较薄小的形状，使食物在烹调过程中受热均匀，缩短烹调时间，能较好地突出菜肴鲜嫩或酥烂的风味特色。

2. 便于入味

原料通过刀工处理，由大改小，或在表面剞上一定深度的刀纹，调味品才可渗入原料内部，使成品口味均匀、一致。

3. 便于食用

经过去皮、剔骨、分档、切、片、剁、剞等刀工处理后再烹调，或烹调后再经刀工处理的食物，食用时较为方便。

4. 美化形态

刀工能把各种不同形状的原料加工得整齐划一、长短相等、粗细厚薄均匀。如在某些原料表面划上一些不同深度的刀纹，经加热后，就能形成各种不同的花色形态，使菜肴形态更加美观，诱人食欲。

三、常用刀法与原料成形

刀法是指根据原料的质地、烹调和食用的要求，将原料加工成一定形状时所采用的行刀技法。刀法的种类很多，直刀法是家庭烹饪中最简单、最常用的。

原料经过不同刀法加工后，常见的基本原料形状有块、片、丝、丁等。

1. 切块

（1）菱形块。先将整形后的原料切成1厘米厚的片，然后改切成1.5厘米宽的条，再切成2.5厘米长的菱形块，如图4—1所示。

（2）长方块。将原料切成1厘米厚的片，再改切成1.5厘米宽的条，最后切成3厘米长的长方块，如图4—2所示。

图4—1　切菱形块　　　　　　　　图4—2　切长方块

（3）滚刀块。刀与原料成斜角，切一刀转动一下原料，切成边长约2.5厘米的不规则多角形。滚刀块适用于黄瓜、土豆、胡萝卜等的加工，如图4—3所示。

2. 切片

片的种类很多，常见的有月牙片、菱形片、柳叶片等。一般来说，大的片边长为3厘米左右，小的片边长为2厘米左右。厚度3毫米以内的片称为薄片，一般有韧性、脆性，用来氽汤的片可薄些、小些，如鸡片、肉片、笋片等；厚度 7 毫米以上的片称为厚片，易碎烂的片应大些、厚些，如鱼片、豆腐片等。

（1）月牙片。先将整块原料切成两半，然后顶刀切成厚约 2 毫米的半圆片。月牙片适用于加工圆柱形、球形的原料，如藕、黄瓜、土豆、竹笋等，如图 4—4 所示。

图 4—3　切滚刀块　　　　　　　　　　图 4—4　切月牙片

（2）菱形片。先将整形后的原料切成厚 2 毫米左右的薄片，然后加工成菱形。菱形长的对角线为 2.5 厘米左右，短的对角线为 1.5 厘米左右。菱形片一般用于加工柱形原料，黄瓜、胡萝卜等可直接加工，或将原料先加工成柱形再切片，如图 4—5 所示。

（3）柳叶片。柳叶片形似柳树叶，加工时先将原料切成长尖形的块，而后切成片。柳叶片为长约 5 厘米，最大宽度约 1.5 厘米，厚约 2 毫米的长尖形状，用于加工鸡片、冬笋等，如图 4—6 所示。

图 4—5　切菱形片　　　　　　　　　　图 4—6　切柳叶片

3. 切丝

（1）豆芽丝。豆芽丝长 6~10 厘米，2.5 毫米见方，如鱼丝、鸡丝、肉丝等，如图 4—7 所示。

（2）火梗丝。火梗丝长约 6 厘米，2 毫米见方，如笋丝、茭白丝、萝卜丝等，如图 4—8 所示。

图 4—7　切豆芽丝

图 4—8　切火梗丝

（3）棉线丝。棉线丝约 0.5 毫米见方，长 5 厘米左右，如姜丝、豆腐干丝等，如图 4—9 所示。

切丝时应根据原料质地和性能来决定切法，才能使制成的菜肴保持成形美观，质地滑嫩。牛肉纤维较韧、质地较老，应横切，猪肉应斜切，鸡肉应顺切。

图 4—9　切棉线丝

4. 切丁

丁一般可分为大、中、小 3 种，加工方法是先将整形后的原料切成 1.5 厘米厚的片，然后顺其长度切成 0.8~1.2 厘米宽的长条，再将长条切成 0.8~1.2 厘米见方。土豆丁、茭白丁、豆腐干丁等可切成约 1.2 厘米见方，即为大方丁；冬笋丁、肉丁等可切成约 1 厘米见方，即为中方丁；鸡丁、鱼丁等可切成约 8 毫米见方，即为小方丁，如图 4—10 所示。

切大方丁

切中方丁

切小方丁

图4—10　切丁

四、蔬菜的初加工

1. 蔬菜新鲜度的鉴别

蔬菜的新鲜度可以从其含水量、形态、色泽等方面来鉴别。

（1）含水量。新鲜的蔬菜表面有润泽的光亮，刀断面有渗水；若外形干瘪，失去水分和光泽，说明蔬菜新鲜度降低。

（2）形态。形态饱满、光滑，无伤痕，有光泽的为新鲜蔬菜；如果形态干缩变小，表面粗糙发蔫，且有病虫害，则蔬菜已不新鲜。

（3）色泽。每种蔬菜都有自己固有的色泽，如叶菜类的蔬菜多呈翠绿色，根菜类的萝卜有红、白、青等色。蔬菜的原有色泽变化越小，说明蔬菜越新鲜;否则，新鲜度降低。

2. 蔬菜原料的保鲜与储存

蔬菜在温度高、湿度大的情况下，自身呼吸速率加快，营养成分消耗大，品质降低快;储存在 0℃以下，则会发生"冻伤"，不但改变本身的味道，而且外观形态、色泽等都会发生劣变。土豆、洋葱、大蒜、萝卜等在储存过程中要控制好温度，以免发芽。发芽的土豆有毒，不能食用。

蔬菜储存过程中要控制温度、湿度、环境卫生等诸多因素。储存蔬菜的地方要阴凉，通风良好，清洁卫生，避免阳光直射。临时在室温下存放蔬菜，不能堆积在一起，发现腐烂的蔬菜应立即处理，以免影响其他蔬菜。

蔬菜储存时不要与水产品、肉类堆放在一起，避免串味。

3. 蔬菜初加工的原则

新鲜蔬菜品种繁多，可食的部位各不相同，有的食用叶柄，有的食用根茎，有的食用种子，有的食用花蕾，初加工时必须遵循以下原则。

（1）合理取舍。对新鲜的蔬菜进行初步加工时，对可食用的部分要尽量加以保存，对枯叶、老叶、老根和不能食用的部分要摘除，以确保菜肴质量。

（2）符合卫生要求。摘剔蔬菜时，必须将附着在蔬菜上的虫卵、夹杂在蔬菜内的杂草泥沙等污物清除干净，清洗时要符合饮食卫生的要求。

（3）减少营养成分的损失。新鲜蔬菜的加工程序应为"先浸后洗，先洗后切"。尽量减少营养成分的损失。蔬菜如先切后洗，不仅较多的营养成分会从原料改刀的刀口处流失，还增加了原料被细菌感染的可能。

五、配菜

1. 配菜的基本方法

配菜的基本方法可按配一般菜和配花色菜两大类来分。配一般菜按所用的原料多少来分，可分为配单一原料、配主辅料、配不分主次的多种料 3 类。配花色菜，其刀工和配菜方面要求有较高的艺术性，因此又称功夫菜或造型菜，一般是专业厨师所为。

（1）配单一原料的菜

1）必须突出原料优点，避免缺点。在选料、初加工、刀工和烹调时都要注意突出原料优点，避免缺点。例如，"清炒虾仁"的虾仁，要选用个大新鲜的虾，并剥壳洗净；生煸豆苗，要选新鲜脆嫩的豆苗嫩尖；清蒸鱼，要选用鲜活的鱼类。

2）具有某些特殊浓厚滋味的原料，如辣椒、洋葱、大蒜，由于它们的辛辣味太重，除作为配料以外（如葱油鱼片），不宜单独制成菜肴，如图 4—11 所示。

图 4—11　配单一原料的菜

（2）配主辅料兼有的菜。这类菜的原料除主料以外，还配有适量的辅料，起烘托突出主料和互相补充的作用。辅料不宜太多，避免喧宾夺主。例如，"翡翠虾仁"必须以虾仁为主，放少许青豆起点缀作用；而"虾仁豆腐"则以虾仁为辅、豆腐为主，如图 4—12 所示。

图 4—12　配主辅料兼有的菜

（3）配多种原料不分主次的菜。多种原料不分主次的菜指由两种或两种以上平等地位的原料所构成的菜。这类菜各种原料不分主辅，数量、形状、大小都相等，如图

4—13所示。这类菜肴名称往往带有"双""三""四"等，如炒双冬、炒三丝、炒三丁、植物四宝。

图4—13　配多种原料不分主次的菜

2. 配菜的关键

配菜的关键是各种原料的搭配，特别是主辅料的搭配，其原则如下。

（1）量的配合。要按一定的比例配置原料的量。主、辅料搭配时，要突出主料；主料由几种原料构成的，各种原料量要基本相等。

（2）色的配合。在颜色的配合上应突出主料。

（3）色和味的配合。要考虑原料加热前后、调味前后的变化，应突出主料的香味，并以辅料的香味补主料的不足。如果主料的香味过浓或过于油腻，应配以香味清淡的辅料，进行适当调和冲淡，使主料味道适中。

（4）形的配合。辅料必须服从主料，即片配片、丝配丝、丁配丁。不论何种形状，辅料都应略小于主料。

（5）质的配合。主、辅料在质地上的配合应为脆配脆、嫩配嫩。

（6）营养成分的配合。各种原料都有不同的营养成分，配菜时要注意原料的相互补充，如动物性原料应适当搭配些果蔬原料，以补其维生素的不足。

学习单元

2

烹饪基础知识

学习目标
掌握油温的识别与火候。
掌握常用调味品及其使用。

知识要求

一、油温与火候

1. 油温的识别与掌握

（1）油温的识别。依据实践经验，油温大致可分为 3 类，见表 4—1。

（2）油温的掌握。正确鉴别油温后，还必须根据火候大小、原料性质和投料数量正确地掌握油温。

1）根据火候大小掌握油温。旺火时，原料下锅时油温应低一些，避免外焦内不熟的现象；中火时，原料下锅时油温应高一些，避免原料脱浆、脱糊。

表4—1　　　　　　　　　　　　油温的识别

名称	俗称	温度（℃）	油面情况	原料下油的反应
温油锅	三四成热	90~120	无烟，无响声，油面较平静	原料周围出现少量气泡
热油锅	五六成热	130~180	微有烟，油从四周向中间翻动	原料周围出现大量气泡，无油爆声
旺油锅	七八成热	190~240	有烟，油面较平静，用手勺搅时，有响声	原料周围出现大量气泡，并带有轻微的油爆声

2）根据投料数量掌握油温。投料量多时，应在油温较高时下锅；投料量少时，应在油温较低时下锅。还应根据原料质地的老嫩和形状大小，适当掌握油温。

2. 掌握火候的一般原则

火候要根据原料性状、制品要求、投料数量、加热方法、烹调方法等可变因素来掌握，一般原则见表4—2。

表4—2　　　　　　　　　　　掌握火候的一般原则

可变因素		火候	加热时间
原料性状	质老或形大	小	长
	质嫩或形小	旺	短
制品要求	脆嫩	旺	短
	酥烂	小	长
	制汤取汁	旺（奶白汤）	长
		小（清汤）	
投料数量	多	旺	长
	少	旺	短
加热方法	以油为介质	旺（中、小）	短（长）
	以水为介质	中、小（旺）	长（短）
	以蒸汽为介质	旺（小）	短（长）

二、调味品

1. 调味的原则

（1）投料必须恰当、适时。在调味时，调味品的用量必须恰当。为此，要了解所烹制菜肴的正确口味，分清复合味中各种味道的主次: 有些菜以酸甜为主，其他为辅；有些菜以麻辣为主，其他为辅。投料一定要做到操作熟练，准确而适时。

（2）严格按照地方菜系不同的要求调味，保持风味特色。烹饪技艺的长期发展，形成了具有各地风味特色的地方菜系。在烹调时，要按照地方菜系的不同要求进行调味，以保持菜肴的风味特色。

（3）根据季节变化适当调节菜肴的口味和颜色。人们的口味往往随着季节的变化有所不同。在天气炎热的时候，人们往往喜欢口味比较清淡、颜色较淡的菜肴；在寒冷的季节，则喜欢口味比较浓厚、颜色较深的菜肴。在调味时，可以在保持风味特色的前提下，根据季节变化，灵活掌握。

（4）根据原料的不同性质掌握调味

1）新鲜的原料，应突出原料本身的美味，不宜用调味品掩盖。例如，新鲜的鸡、鸭、鱼、虾、蔬菜等，调味均不宜太重，不宜太咸、太甜、太酸或太辣，否则就失去了原料本身的鲜美。

2）带有腥膻气味的原料，要酌情添加去腥解腻的调味品。例如，牛羊肉、内脏等在调味时就应根据菜肴的具体情况，酌情加酒、醋、葱、姜、糖等调味品，以去除其腥膻气味。

3）本身无显著鲜味的原料，要适当增加鲜味。例如，鱼翅、海参、燕窝本身都是没有什么滋味的，调味时可加入鲜汤，以补其鲜味的不足。

2. 常用调味品的性能与使用

（1）油。油的燃点很高。在烹调的过程中，油温保持在 120~220℃，可使原料在短时间内烹熟，从而减少营养成分的损失。

油兼具调味和传热的作用，如在炸和滑油这两种烹制方法中，油既起到使原料成熟的传热作用，又起到使原料增加香滑酥脆等口味的调味作用。

（2）盐。食盐有"百味之王"的称号。食盐不仅起调味作用，还是血液循环系统和内分泌系统不可缺少的物质，有保持人体正常的渗透压和体内酸碱平衡的作用。盐还有脱水防腐作用，原料（如水产品、肉类、蛋类、蔬菜类等）通过盐腌，不仅可以具有特殊的风味，且便于储存。

盐会使蛋白质凝固，烧煮蛋白质含量丰富又不易酥烂的原料（如黄豆）时，不可以先放盐，否则原料就很难"烧烂"。

（3）酱油。在调味品中，酱油的作用仅次于盐，其作用是提味调色。常用的酱油有两种。

1）天然发酵酱油。天然发酵酱油即酿造酱油，以大豆、小麦（或代用品）、食盐等为原料，加油发酵制成，味厚而鲜美，质量极佳。

2）人工发酵酱油。人工发酵酱油以豆饼为原料，通过人工培养种曲，加温发酵制成，质量不如天然发酵酱油。但因其价格较为低廉，目前使用最为普遍。

（4）黄酒。黄酒又名料酒，酒精浓度低，酯和氨基酸含量丰富，在烹调菜肴，特别是烹调水产类原料时，常用以去腥、调味、增香。

（5）糖。糖是一种高精纯碳水化合物，含有甜味，是一种重要的调味品。糖除能调和滋味、增进菜肴色泽的美观外，还可以供给人体充足的热量。

在烹调菜肴时加点糖，能增加菜的风味；在腌肉时加些糖，能促进肉中胶原蛋白的膨润，使肉组织柔软多汁。烹饪中用白糖调味，不影响菜肴的品相。但在制作烤鸭时常用饴糖，可使烤鸭皮发脆，颜色深红光润。

（6）味精。味精是增加菜肴鲜味的主要调味品，鲜度极高。

味精在高温下会产生焦谷氨酸钠，有轻度毒性。因此，在烹制菜肴时，味精应最后下锅，在菜肴起锅（约 70~90℃）时投入效果最好。拌凉菜如需加味精必须先用少许热水把味精化开，晾凉后浇入凉菜。味精不能放得过多，过多了会产生一种生涩的怪味。

（7）醋。醋在调味中用途很广，在烹调某些菜肴时放些醋，除能增加鲜味、解腻去腥外，还能在原料加热过程中使维生素少受或不受破坏并促使食物中的钙质分解，同时还有促进消化的作用。

（8）葱、姜、蒜。葱、姜、蒜都是含有辛辣芳香物质的调味品，不但可去腥起香，还有开胃和促进消化的作用。葱、蒜的香味只有在酶的作用下才能表现出来，但酶受高温即被破坏，所以急速加热时葱、蒜的香味不大；如用温油进行较长时间的加热，则香味浓郁。

学习单元

常用烹调方法

🖐 **学习目标**

熟悉常用的 4 种烹调方法及其操作要领。

能够制作 6 个家常菜。

💡 **知识要求**

一、炒制菜肴

炒是指烧热炒锅，将加工成形的原料投入油锅中，在旺火上急速翻拌的烹调方法。因其成熟快，原料需形体小，以丁、丝、片、粒、段、末等为主。根据炒制原料的性质和具体操作手法不同，可分为滑炒、煸炒、熟炒等。

炒制菜肴的成品特点是汁、芡均较少且紧包原料，菜品鲜嫩、滑爽、清脆、鲜香，如清炒虾仁、生煸豆苗、清炒鳝丝等。

二、氽制菜肴

氽是将质地鲜嫩的无骨原料，用旺火沸水一滚即成的一种烹调方法。其成品特点是汤多而清鲜，质嫩而爽口不腻，如葱油鱼片、榨菜肉丝蛋汤、皮蛋香菜鱼片汤等。

三、烧制菜肴

烧是在经过炸、煎、煸炒或水煮的原料中，加适量汤水和调味品，用旺火烧开，中小火烧透入味，再用旺火收汁的一种烹调方法。按其调味不同和收汁多少，又可分为白烧、红烧（放酱油）和干烧（收干卤汁）。干烧时，一般蔬菜不放辣，荤菜放辣。

烧制菜肴的成品特点是卤汁少而黏稠，质软嫩，味鲜浓。

四、蒸制菜肴

蒸是指以蒸锅作为工具，以蒸汽传热，使经过调味的原料成熟或酥烂入味的烹调方法。用蒸的方法制作的菜肴，既保持了原料的原汁原味，又突出了原料本身的鲜味。

蒸制菜肴所用的火候，随原料性质和烹调要求而有所不同。

1. 旺火沸水速蒸

旺火沸水速蒸适用于质地较嫩的原料，如清蒸鱼等，水煮沸以后，一般蒸 10~15 分钟即可。

2. 旺火沸水长时间蒸

制作原料体大、质老、需蒸酥烂的菜肴采用此法，如粉蒸肉、香酥鸭等。

3. 微火沸水保温蒸

微火沸水保温蒸用于冬天饭菜的保温。

📖 **技能要求**

青 椒 肉 片

操作准备

主料：猪精肉 150 克；辅料：青椒 50 克、鸡蛋清适量；调料：油、盐、味精适量。

操作步骤

步骤 1　将猪肉除去筋膜，顶丝切成长 4 厘米、宽 3 厘米、厚 1.5 厘米的肉片，浸去血水后，上蛋清浆，如图 4—14 所示。

除去筋膜　　　　　　　　　　　　切成肉片

上蛋清浆

图 4—14　加工肉片

步骤 2　青椒洗净，去籽，切成长 3 厘米、宽 2 厘米的片，如图 4—15 所示。

图4—15 加工青椒

步骤3 锅内放油，加热至四成热时，倒入肉片滑炒至断生，放入青椒片，一起倒出沥油，如图4—16所示。

图4—16 肉片滑炒至断生后，放入青椒片

步骤4 锅内放水（高汤），加盐、味精、烧开、勾芡，放少许油拌匀，倒入肉片、青椒片翻匀，再滴几滴油，出锅装盘，如图4—17所示。

质量标准

色：肉洁白，青椒碧绿；质：肉嫩，青椒脆；味：咸鲜。

注意事项

1. 肉片必须顶丝切，否则加热后容易卷曲。

图4—17 青椒肉片

2. 上浆时厚薄要适当，太厚或太薄都会影响质量。

3. 油温要控制好，低了易脱浆，高了易黏结发黄。

4. 勾芡汁要紧包原料。

茭 白 鸡 丁

操作准备

主料: 鸡脯肉 150 克; 辅料: 茭白或冬笋 50 克、鸡蛋清适量; 调料: 油、盐、味精适量。

操作步骤

步骤 1　将鸡肉除去筋膜，批成 8 毫米厚大片，两面用刀刃排斩后改刀成 8 毫米见方的丁，浸去血水后，上蛋清浆，如图 4—18 所示。

批大片　　　　　　　　　　　　　排斩

切丁　　　　　　　　　　　　　上蛋清浆

图 4—18　加工鸡丁

步骤 2　将茭白或冬笋去壳、去外皮后，用冷水锅焯水，再改刀成 8 毫米见方的丁，如图 4—19 所示。

步骤 3　锅内放油，加热至四成热时，倒入鸡丁滑炒至断生，放入茭白丁或冬笋丁，一起倒出沥油，如图 4—20 所示。

步骤 4　锅内放水（高汤），加盐、味精，烧开，勾芡，放少许油拌匀，放入原料翻匀，再滴几滴油，出锅装盘，如图 4—21 所示。

图 4—19　切茭白

图 4—20　鸡丁断生后，放入茭白

质量标准

色：白；质：嫩；味：咸鲜。

注意事项

1. 肉必须两面排斩后改丁，使肉增加嫩度。

2. 上浆时厚薄要适当，太厚或太薄都会影响质量。

3. 茭白或冬笋必须先焯水，去掉部分草酸后才能加工。

图 4—21　茭白鸡丁

炒 素 三 丝

操作准备

原料：白豆腐干 2 块、胡萝卜 100 克、青椒 100 克；调料：油、盐、味精、糖、淀粉、麻油。

操作步骤

步骤 1　白豆腐干预先焯水，切成长 6 厘米、3 毫米见方的丝，如图 4—22 所示。

图 4—22　切豆腐干

步骤 2　胡萝卜焯水后，切成长 6 厘米、3 毫米见方的丝，如图 4—23 所示。

步骤 3　青椒切成长 6 厘米的丝，如图 4—24 所示。

图 4—23　切胡萝卜　　　　　　　　　　图 4—24　切青椒

步骤 4　锅烧热，加少许油，先煸豆腐干丝和胡萝卜丝，再加入青椒丝，如图 4—25 所示。

步骤 5　放少许水，烧开，调味，勾薄芡，淋上麻油出锅，如图 4—26 所示。

质量标准

色：多彩；质：软嫩；味：咸鲜。

注意事项

1. 火力不宜过大。

2. 豆腐干丝不要煸得太碎。

3. 青椒不宜放得太早。

图 4—25　煸炒

图 4—26　炒素三丝

番 茄 炒 蛋

操作准备

主料：鸡蛋 4 个；辅料：番茄 1 个，约 100 克；调料：油适量、盐 3 克、味精 1 克、糖 2 克。

操作步骤

步骤 1　番茄洗净，去籽，改刀成菱形块待用，如图 4—27 所示。

步骤 2　鸡蛋去壳，打匀，如图 4—28 所示。

步骤 3　锅烧热，用油滑锅，留少许油，至三成热时倒入蛋液，煸炒至蛋液凝固、成金黄色，倒出，如图 4—29 所示。

图 4—27　切番茄

步骤 4　锅内放少许油，加热至四成热时倒入番茄快速煸炒几下，放入炒好的蛋块，如图 4—30 所示。

图 4—28　鸡蛋打匀

图 4—29　煸炒蛋液

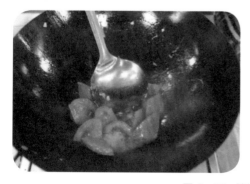

图 4—30　煸炒番茄后放入蛋块

步骤 5　加少许水、盐、味精、糖，转大火炒几下，出锅装盘，如图 4—31 所示。

质量标准

色：红、黄分明；质：嫩；味：咸鲜微带酸甜。

注意事项

1. 蛋液不要搅打过分，否则容易没黏性。

2. 番茄不能选用太熟的，否则会糊。

3. 炒蛋时油温不能太高，否则会使蛋液表面焦黄。

4. 翻炒时速度要快，时间长了容易使蛋块质老。

图 4—31　番茄炒蛋

虾 仁 豆 腐

操作准备

主料：内酯豆腐1盒；辅料：虾仁50克、鸡蛋清适量；调料：油100克、盐3.5克、味精3克、生粉3克、湿生粉20克。

操作步骤

步骤1　虾仁漂洗干净，吸干水分，放入盛器内，加入鸡蛋清、盐、生粉，拌和上浆，如图4—32所示。

步骤2　豆腐切成1.2厘米见方的丁，如图4—33所示。豆腐丁冷水下锅，焯至水将沸，倒入漏勺，沥去水分，放入盛器，如图4—34所示。

图 4—32　上好浆的虾仁

步骤3　锅置旺火上烧热，加油烧热，加入虾仁滑炒至断生，倒出沥油，如图4—35所示。

步骤4　锅内放水、盐、味精，投入豆腐烧开后，放入滑炒好的虾仁，如图4—36所示。

步骤5　用湿生粉勾芡，淋入油（适量，约25克），即可出锅装盘，如图4—37所示。

质量标准

色：光亮洁白；质：鲜嫩滑爽；味：咸鲜。

注意事项

1. 勾芡时要转动锅子，以防止芡汁结团粘锅。

图 4—33　豆腐切丁

图 4—34　焯水后的豆腐　　　　　　　　图 4—35　虾仁断生

图 4—36　豆腐烧开后，放入虾仁　　　　图 4—37　虾仁豆腐

2. 用铁勺轻轻推动以防锅糊和弄碎豆腐。

3. 豆腐一定要用冷水焯水。

葱 油 鱼 片

操作准备

主料：青鱼中段；辅料：鸡蛋清；调料：油、酒、盐、酱油、味精、葱、胡椒粉。

操作步骤

步骤 1　将青鱼中段去鳞，洗净后去龙骨，去肚膛，去皮批成 5 厘米长、4 厘米宽、2 毫米厚的片，上蛋清浆，如图 4—38 所示。

去龙骨　　　　　　　　　　　　去肚膛

去皮　　　　　　　　　　　　批成片

上蛋清浆

图 4—38　加工青鱼片

步骤 2　切葱丝，如图 4—39 所示。

步骤 3　锅内放水，加酱油、盐、味精、少许胡椒粉，烧开后盛入盆内，如图 4—40 所示。

图 4—39　切葱丝

图 4—40　烧制的汤料

步骤 4　锅内放水烧开后，加酒，保持水沸腾，将鱼片逐片放入，如图 4—41 所示。断生即取出放在盘内，撒上葱丝，如图 4—42 所示。

图 4—41　逐一放入鱼片断生

图 4—42　鱼片断生后装盆

步骤 5　锅内放油，烧至冒烟，用勺将油浇在葱丝上，如图 4—43 所示。

质量标准

色：鱼片洁白，汤淡茶色；质：嫩；味：咸鲜。

注意事项

1. 鱼片不宜切得太厚，要浸水后吸干上浆，浆不要太厚。

2. 汆鱼片时，水温不能太高。

3. 汤中酱油不能多放。

图 4—43　淋油

模拟测试题

一、判断题（下列判断正确的请打"√"，错误的打"×"）

1. 储存蔬菜时，不要与肉类堆放在一起，防止串味。 （   ）

2. 刀使用完以后随意放置，不会有安全问题。 （   ）

3. 肉丝、鱼丝、鸡丝的粗细长短是相仿的。 （   ）

4. 配单一原料的菜肴，只能有一种原料。 （   ）

5. 配菜的关键是各种原料放在一起，满足营养需求就可以了。 （   ）

6. 烹饪时要根据很多可变因素灵活地掌握火候。 （   ）

7. 原料投得越多，油温要越低，否则会烧焦。 （   ）

8. 油可使原料在短时间烹熟，减少营养成分的损失。 （   ）

9. 糖不仅可以作为调味品，还可以给人体提供充足的热量。 （   ）

10. 味精在高温下会产生焦谷氨酸钠，有轻度毒性。 （   ）

二、单项选择题（下列每题有 4 个选项，其中只有 1 个是正确的，请将相应的字母填入题内的括号中）

1. 蔬菜初加工原则是合理取舍，符合（   ）要求，减少营养成分的损失。

   A. 加工　　　　B. 烹调　　　　C. 卫生　　　　D. 口味

2. 蔬菜的新鲜度，可以从其（   ）、形态、色泽等方面来鉴别。

   A. 含糖量　　　B. 含水量　　　C. 含油量　　　D. 含氧量

3. 刀工的作用是便于成熟、入味、（   ），美化形态。

   A. 使用　　　　B. 通用　　　　C. 食用　　　　D. 慢用

4. 配菜一般可分为配单一原料、（   ）原料、不分主次的多种原料 3 类。

   A. 动物　　　　B. 水产　　　　C. 主辅　　　　D. 植物

5. 掌握火候的原则之一是要根据原料的（   ）决定火候。

   A. 大小　　　　B. 厚薄　　　　C. 老嫩　　　　D. 性状

6. 采用烧的烹调方法其成品特点是卤汁少而黏稠，质（　　），味鲜浓。

    A．松软　　　　　B．软嫩　　　　　C．酥烂　　　　　D．软脆

7. 旺火沸水速蒸，水煮沸后一般蒸（　　）分钟即可使菜肴质地鲜嫩。

    A．5~10　　　　　B．5~15　　　　　C．10~15　　　　　D．10~20

8. 盐有脱水防腐作用，还可使（　　）凝固。

    A．脂肪　　　　　B．矿物质　　　　　C．蛋白质　　　　　D．维生素

9. 在调味品中，酱油的作用仅次于盐，其作用是提味（　　）。

    A．调色　　　　　B．增咸　　　　　C．增酸　　　　　D．增苦

10. 味精在（　　）℃溶液中使用效果最好。

    A．50~60　　　　　B．60~70　　　　　C．70~80　　　　　D．70~90

模拟测试题答案

一、判断题

1.√　2.×　3.√　4.√　5.×　6.√　7.×　8.√　9.√　10.√

二、单项选择题

1.C　2.B　3.C　4.C　5.D　6.B　7.C　8.C　9.A　10.D

老弱人群的家庭照料

学习单元 1

居家环境与安全照料

学习目标

了解居家环境与健康的关系。

熟悉居家环境健康要求。

掌握安全照料。

知识要求

居家环境可以影响人的精神状态与身体的舒适感，对于老弱照料对象来说，环境安排是否合适与其日常生活和疾病的康复有密切关系。家政服务员在居家环境布置和保洁过程中不仅要注意美观，更要注意环境与健康的关系，营造一个整洁、安静、舒适和安全的居家环境。

一、居家环境

1. 清洁整齐、安静舒适

安静的环境有利于休息睡眠，有利于病体的康复，老弱照料对象的居室要避免噪声。家政服务员在家政服务中要做到"四轻"，即说话轻、走路轻、操作轻、关门轻。居室内床、桌椅等排列整齐。不要将物品堆放在经常要走的通道上，保持地面干净。整理床铺时采用湿扫法，用半干小毛巾扫去床单灰尘，避免灰尘飞扬，保持居室环境整洁。

2. 居室通风、温度适宜

居室内温度因季节和个人习惯而异，一般室内温度调节到 18~20℃ 为宜，温度过高影响机体散热，也使人闷热不适；温度过低则易使人受凉感冒。室内应备有温度计，可随时掌握温度的变化，进行调节。夏季使用空调时，室内外温差不宜过大，相差 5℃ 为宜，避免空调病的发生。居室内相对湿度以 50%~60% 为宜，空气干燥会引起口干咽痛，对有呼吸道疾病的照料对象不利，可通过在地面上洒水、挂湿毛巾等方法，提高室内的湿度；室内湿度过高使人闷热难受，可开窗通风，如室外湿度大于室内湿度则不宜打开门窗，可开空调除湿。污浊的空气会使人出现头晕、疲倦、食欲减退、情绪不佳等不良反应。居家环境应保持空气流通，定时开门窗通风可增加室内空气中氧的含量，减少病原微生物的密度。每天应至少通风 2 次，每次不少于 30 分钟，通风时应避免对流风直吹照料对象，以免其受凉。

3. 居室光线充足、绿植合适

居室内光线充足明亮，用适当的盆景、鲜花点缀可使人舒适放松，但照料对象如果是过敏体质，室内不宜放置有浓烈香味的鲜花，以免导致照料对象出现过敏反应。阳光中的紫外线具有杀菌作用，还能增强人体的抵抗力，但在陪照料对象室外活动时要注意避免阳光直接照射其头部，以免引起眩晕。夜间可使用地灯或小灯，既不影响照料对象入睡，又不影响必要的看护。

二、安全照料

1. 环境安全

老弱照料对象的居室环境应注意消除一切不安全因素，避免各种原因引起的躯体损伤。

（1）消除居室中会导致照料对象跌倒的因素。居室地面要保持干燥无积水。选用牢固、摆放平稳和带扶手的椅子，以便在照料对象坐、立时给予其支撑。厨房和卫生间地面干燥，坐便器稳固，必要时在走廊、盥洗室设置护栏，防止照料对象滑倒跌伤。电线、电源、电器放置合理，避免触电。不要让行动迟缓和对温度不敏感的老弱照料对象靠近滚烫的食物和液体，以免引起烫伤。

（2）要妥善放置清洁剂等各类家用化学制剂，避免与食物混放，禁止用饮料瓶或餐具装清洁剂等化学物质，以免发生误服。

（3）定期扫除，保持环境清洁，避免蟑螂、老鼠、蚊子、苍蝇等造成的生物损害。

2. 自身安全

提醒老弱照料对象不做力不从心的事，建议视听有障碍的照料对象选择合适的眼镜、助听器，必要时使用安全拐杖等工具保证活动安全。常用物品固定放置于易找、易拿的地方，避免攀高、过度弯腰等危险动作。给照料对象使用的热水袋水温不超过50℃，提醒老弱照料对象不在床上抽烟，避免烫伤或烧伤。如无特殊需要，让照料对象睡前少饮水，以减少晚间上厕所次数，夜间尽量开地灯或小灯，便于其下床。对于有高血压、心脏疾病等慢性疾病的照料对象应提醒其不要用力大小便，不要突然变换体位，以防止发生晕厥等危险。

3. 用药安全

照料长期服药的老弱照料对象，应注意根据医嘱提醒其服药，不可擅自凭感觉增减药量或突然停用药物，不可使用过期或已变质的药物。对于记忆力衰退的老弱照料对象，可反复训练其自行服药的能力；如用药盒，每日按次放置药物，避免漏服或多服，影响治疗。长期服药容易产生副作用，应注意观察药物疗效和有无不良反应，一旦发生异常，应提醒家属及时就医。

学习单元

饮食照料

（手指图标）**学习目标**

了解营养与健康的关系。

熟悉老弱人群的饮食特点。

能够对老弱人群进行饮食照料。

（灯泡图标）**知识要求**

一、营养与健康

　　饮食是个体获得营养最主要的来源，合理的营养是人体健康的物质基础，营养不足或营养过剩都会对机体功能产生影响，甚至引发疾病。中国营养学会制定的《中国居民膳食指南》提出，居民膳食应做到食物多样，谷类为主，多吃蔬菜、水果，尤其是薯类。瓜果蔬菜含有丰富的膳食纤维，可刺激胃肠蠕动，防止便秘，并可预防消化道肿瘤。每日饮食中应适量补充粗粮等含膳食纤维多的食物，常吃奶类、豆类或其制品，经常吃适量鱼、禽、蛋、瘦肉。少吃肥肉和荤油，动物脂肪摄入过多与高血脂、高胆固醇血症的发生有关，应注意控制。食量与体力活动要平衡，避免因多食引起营养过剩，发生肥胖、心血管疾病等。食盐摄入过多是导致高血压等疾病的危险因素，建议健康人每天食用量在6克以下。要吃清洁卫生的食物，不吃变质食物。食物进入胃后有一定停留时间后再排空，过量会增加胃肠道负担，过少会出现饥饿感及导致营养不足，因此饥饱要适当。一般早餐占每日摄入总热量的30%，午餐占40%，晚餐占30%，也可根据个人活动量和作息习惯合理安排。

二、常用饮食种类

家政服务员在进行饮食准备时不仅要考虑食物的色香味，更应注意营养的合理搭配，做到全面、平衡、适度。对患有疾病的照料对象，应根据医嘱，调节其饮食中的营养成分，以配合治疗，利于疾病的控制和恢复。

1. 常用饮食种类（见表5—1）

表5—1　　　　　　　常用饮食种类

种类	适应对象	饮食原则	要点
普通饮食	消化功能正常者或疾病恢复期对象	食物营养平衡、易消化、无刺激性	一般食物均可，建议少用煎、炸等烹饪方法，刺激性调味品应限制
软质饮食	低热、消化不良、咀嚼不便者，老年人或幼儿	食物软、烂、无刺激性、易消化	面条、烂饭等，肉类、菜类等副食要切碎煮烂
半流质饮食	发热、手术后、有口腔疾病、消化不良、咀嚼吞咽有困难者	少食多餐，食物易于咀嚼吞咽、呈半流质状、膳食纤维含量少、无刺激性	粥、馄饨、蒸蛋、肉末、豆腐脑等
流质饮食	高热患者、大手术后病人、急性消化道疾患、危重病人	食物液状、无渣（所含热量不足，只可短期使用）	乳类、豆浆、米汤、稀藕粉、鸡汤、肉汤、菜汤、果汁等

2. 老弱人群饮食照料注意事项

老弱照料对象因疾病或生理功能退化等原因会出现味觉退化,咀嚼和消化能力下降,饮食照料上更应注意低盐低脂、少食多餐,食物应酥软,易于咀嚼、吞咽和消化。应少食不易消化的硬、冷和糯米类食物,少食煎炸食物。烹饪方法宜选择蒸、煮、炖。老弱照料对象的血液黏稠度相对较高,饮食照料中要注意每天足量饮水,约 1 500 毫升,以白开水为好,提倡均衡喝水,少量多次,不要等渴了再喝水。洗头洗澡后、运动后均应及时补充水分。

三、协助进食

环境整洁与否,餐具清洁与否会影响人的食欲。家政服务员在协助照料对象进食时,应注意影响食欲的各种因素,避免照料对象出现不良情绪而影响其消化吸收。

对于有一定自理能力的照料对象,进餐前按需要协助其排便、洗手,帮助照料对象取舒适的进食姿势,如坐位或半坐位。食物温度要适宜,放置要便于照料对象拿取。进餐时提醒照料对象多咀嚼,口腔有食物时不要说话,防止发生呛食。进食流质者可用吸管或水壶吸吮。进餐完毕及时取走餐具,协助照料对象洗手、漱口,必要时向其家人报告进食情况,做好记录。照料卧床且不能自行进食者,应耐心喂食。

技能要求

喂 食

操作准备

根据照料对象的年龄、身体状况、食欲等准备食物。食物量、食物温度适宜。

操作步骤

步骤 1 准备。

按需要给予照料对象便盆,用后即撤去,洗手。抬高床头 30°~50°,帮助照料对象取舒适的姿势,在其颈部围上小毛巾。

步骤 2 喂食。

注意液态食物与固态食物交替喂食，一口干一口湿。喂食速度适中，等照料对象口腔内食物咽下后再喂第二口食物，避免大口乱塞食物，防止呛咳。

步骤 3　整理。

待照料对象进食完毕，口腔内食物完全咽下后，协助其漱口、洗手，清理餐具。30 分钟后放平床头，整理床单位，必要时向其家人报告进食情况并做好记录。

起居照料

学习目标

熟悉照料老弱人群休息与活动的相关知识。

掌握晨晚间照料内容及注意事项。

知识要求

一、晨间照料

早餐前为满足照料对象的日常清洁和舒适需要进行的照料活动为晨间照料，其目的是增加照料对象个体舒适度，预防并发症的发生，营造一个整洁、舒适的环境。晨间照料包括口腔清洁、洗脸、洗手、梳头、翻身擦洗等。照料前应告知照料对象，以取得配合。晨间照料的操作要点如下。

1. 协助照料对象排泄

操作前问候照料对象，了解其夜间睡眠情况。协助照料对象排便、排尿，将照料对象的排泄物、废弃物及时清除，保持居室清洁，注意维护照料对象的自尊，减少不必要的暴露。

2. 协助照料对象洗漱

取合适体位，协助照料对象自行刷牙或漱口。对不能自理的照料对象，家政服务员可用纱布缠绕手指蘸清水为其进行口腔清洁，注意动作要轻柔、纱布潮湿但不滴水，防止其呛咳。协助照料对象洗脸时注意由内眦向外眦擦洗眼睛。若照料对象戴义齿，应先取下义齿用清水清洁后再戴上，不用时放清水杯内浸泡保存。不可放入酒精或热水中，以免变形。协助照料对象梳头时应及时清理落发，若头发打结可用30%乙醇打湿，轻轻揉搓后梳理。

3. 协助照料对象翻身

协助长期卧床者翻身，采用背拢掌空的手法（双手手指并拢，使掌侧呈杯状，腕部放松，以手腕的力量，迅速而规律地叩击病人背部）拍背，促进肺部排痰，减少感染的机会。翻身后检查皮肤受压情况，用温水擦背并用50%乙醇按摩背部和骨突处，防止出现压疮。根据照料对象的不同需求进行头面部、四肢的按摩，促进血液循环，防止下肢静脉栓塞、四肢肌肉失（废）用性萎缩等并发症的发生。

4. 整理

个人卫生照料完成后整理居室，采用湿扫法清洁床铺，酌情更换床单、被罩、枕套和衣裤，清洁地面，适时开窗通风，保持空气清新。

二、晚间照料

入睡前的晚间照料能营造一个安静、舒适的睡眠环境。协助照料对象做好个人卫生，能使其放松身心，促进睡眠，晚间照料操作要点如下。

1. 协助照料对象排泄、洗漱

协助照料对象刷牙漱口、洗脸、洗手、梳头、排空大小便、清洁会阴，睡前可用热水为其泡脚，放松肌肉，促进睡眠。

2. 协助照料对象脱衣

协助偏瘫或肢体有伤病的照料对象脱衣时注意先脱健侧，后脱患侧。协助长期卧床者翻身，检查皮肤受压情况，用温水擦背并用 50% 乙醇按摩背部和骨突处。

3. 整理

帮助照料对象取合适卧位。整理床单被褥，必要时增减毛毯和盖被，防止照料对象过热或者受凉。酌情开关门窗，保持居室安静，调暗光线，关大灯，开地灯。

三、衣着与卫生

1. 衣着选择

老弱照料对象的衣着宜宽松柔软，具有良好的透气性、吸水性和保暖性，衣服式样应便于穿着和行动。贴身内衣宜选择全棉材质，避免摩擦产生静电，出现皮肤不适现象。老弱对象体温调节能力差，尤其是对寒冷的抵抗能力差，冬季需外出活动应为其选择保暖性好的服装，避免受凉；夏季外出应为其选择透气性、吸水性好的服装。

2. 鞋袜选择

老弱照料对象因生理性退化、疾病等因素导致脚弓塌陷、肌肉萎缩、足关节松弛、骨量减少等现象发生，常出现行走疼痛、容易跌倒、容易疲劳等不良反应。穿着合适的鞋袜，能减少上述现象的发生。因此，应根据照料对象的脚部特征选择合脚、防滑、轻便舒适、弹性和透气性良好、方便穿脱的鞋。袜子以棉质为好。照料患糖尿病的老弱对象应特别注意其鞋袜的宽松，不要让其光脚行走。

3. 个人卫生

做好个人清洁卫生，定期洗澡更衣，有助于维护照料对象的自尊，也是个体的生理需要。家政服务员应协助老弱照料对象做好日常个人卫生，保持躯体清洁无异味。给大小便失禁的照料对象使用纸尿裤，污染时要及时更换，保持皮肤干爽。老弱照料对象洗浴时可选择中性沐浴露或偏酸性香皂以减少对皮肤的刺激，防止因皮肤干燥出现瘙痒现象。需注意患糖尿病的老弱照料对象泡脚的水温不宜过高，时间不宜过长（小于 30 分钟）。不用刺激性药物涂抹足部皮肤，在修剪趾甲时不宜修剪过短，避免伤及甲沟引起感染。

四、休息与活动

1. 休息与睡眠

老弱照料对象因疾病和生理退化的因素需要更多的休息和睡眠，以储存能量恢复机体功能。疼痛、情绪过于兴奋或抑郁、环境嘈杂、有异味等会影响休息和睡眠的质量。随着年龄增长，老年人的睡眠也会发生改变，容易出现入睡困难、间断睡眠、早醒等障碍，在日常生活照料中应尊重老年人睡眠习惯，安排利于睡眠的环境，保持居室安静，适当通风，调暗室内光线。睡前用温水洗脚能放松肌肉，促进睡眠。除保持每天 8~9 小时的睡眠外，午后的小憩也有利于体力的恢复。

2. 活动

适当的运动有助于减缓机体衰老，保持良好的心理和生理状态。可根据个人的身体状况和喜好，选择合适的运动形式和运动时间。老弱照料对象的运动要量力而行，不可勉强。一般运动时微微出汗，运动后感到轻松、舒畅，食欲增加，睡眠改善，表示运动量合适，应避免过度疲劳。每天定时散步是老年人合适的运动方式之一。对于不能自行运动的长期卧床者，家政服务员在日常照料中可帮助其做床上被动运动，为其按摩肢体、活动关节等，以减缓肌肉萎缩和关节强直退化。

居家照料常用技能

学习目标

熟悉居家照料常用技能。

能够进行老弱人群家庭照料。

知识要求

一、洗手

在日常生活中，手会沾染各种病原微生物，注意手的清洁和消毒有助于防止疾病的传播。手的清洁最简单有效的方法是用流水洗手。洗手虽不能杀死病原微生物，但可以使病原微生物的密度降到最低，且不污染环境。家政服务员在对照料对象进行各项照料，如喂饭、协助沐浴、协助大小便、更换尿布前后均应及时正确地洗手。

二、测量体温

体温指人体内部的温度，是人体最重要的生命体征之一，当人体出现疾病或损伤时，体温也随之发生改变，出现发热或体温不升。因此，测量体温有助于了解身体状况，详见表5—2。使用水银体温计测量体温时，应定期检查体温计的准确性，水银柱有裂隙、玻璃破损、刻度模糊、误差大于 0.2℃的体温计不可使用。如果照料对象不慎咬碎体温计，应让其迅速吐出口中残存玻璃屑和水银并立即漱口，及时就医，在医护人员的指导下口服牛奶或蛋清，如无禁忌，可食用膳食纤维丰富的食物（如韭菜、芹菜等）帮助水银等有害物质排出。

表 5—2 成人体温正常范围及平均值 ℃

部位	正常范围	平均温度
口腔	36.3~37.2	37
肛门直肠	36.5~37.7	37.5
腋下	36~37	36.5

三、床上洗头

头发出汗、油腻如不及时清洁会产生异味、瘙痒或引发细菌感染、寄生虫感染。为长期卧床的照料对象床上洗头能保持其头发的健康和身体的舒适。身体衰弱的老弱对象不宜在床上洗头，可采用其他方法清洁头发。

四、床上擦浴

皮肤是人体抵御外界有害物质侵入的第一道防线。皮肤上的污垢和异味影响皮肤的屏障和排泄功能，成为病原微生物侵入机体的门户，还会使个体产生不适，影响自尊。及时有效地清洁皮肤、保持皮肤的清洁和完整性有助于预防疾病、让照料对象感到舒适。对于不能自行洗浴的长期卧床者，床上擦浴有助于其保持皮肤清洁。擦浴脱衣时先近侧后远侧，穿衣时则相反，先远侧后近侧。协助偏瘫或肢体有疾患、损伤的照料对象脱衣时先健侧后患侧，穿衣时先患侧后健侧。擦浴完毕应特别注意其腋下、趾间等皮肤褶皱处的干燥，防止细菌滋生。擦浴过程中应注意照料对象的感受，如果出现脸色苍白、脉动过速等现象时应停止擦浴，及时处理。

五、床上便器使用

床上便器用于在床上大小便的照料对象，可根据照料对象的年龄、性别选择合适的便器。使用前检查便器是否完好，边缘是否光滑，使用时应注意不能硬塞硬拉，防止损伤皮肤。对于不能自行抬高臀部的照料对象，可先协助其翻身侧卧再放便盆。对不习惯在床上排便的老弱照料对象，在使用便器时可适当抬高床头。冬天可先用温水温暖便器后使用。床上便器用后应及时清理，保持无污渍、异味。

六、翻身（协助照料对象更换卧位）

长期卧床者容易发生压疮、堕积性肺炎、结石、消化不良、下肢血栓形成等多种并发症，翻身是防止这些并发症的有效措施。翻身还可使照料对象放松，增加舒适感。翻身频率应根据照料对象的病情和皮肤情况而定，一般白天每 2 小时一次，晚上间隔不超过 4 小时，发现皮肤发红或破损应增加翻身次数，避免局部长期受压。翻身时注意安全，动作轻稳不拖拉，以免损伤皮肤。翻身后保持照料对象体位稳定。必要时使用辅助翻身工具，如翻身垫、三角软枕等。照料对象身上置有多种导管时，翻身前应先固定导管，翻身后检查导管是否扭曲，保持导管通畅。

技能要求

洗手（六步洗手法）

操作准备

洗手液、水池。

操作步骤

步骤1　淋湿双手和手腕，取适量洗手液或肥皂，手掌对手掌揉搓。

步骤2　手掌对手掌，双手手指交叉揉搓，清洁指缝。

步骤3　手掌对手背，双手手指交叉揉搓，清洁手背和指缝。

步骤4　手指相扣，互相揉搓手指关节，清洁手指关节。

步骤5　一手抓住另一手拇指旋转揉搓，清洁拇指和褶皱处。

步骤6　一手指尖和拇指在另一手手掌内旋转揉搓，清洁指甲和褶皱处。

注意事项

洗手时揉搓时间不少于 20 秒，然后用流水冲净，擦干。

体温测量（口腔、直肠、腋下）

操作准备

体温计（口表、肛表），70% 乙醇棉球。

操作步骤

步骤1　检查。

检查体温计是否完好，水银柱甩至 35℃ 刻度线以下，用 70% 乙醇棉球擦拭消毒。

步骤2　测量。

（1）测量口腔体温。将体温计水银端斜放于照料对象舌下，让其闭口用鼻呼吸，勿用牙咬，3 分钟后取出。

（2）测量肛门直肠体温。让照料对象屈膝侧卧或俯卧，用润滑剂润滑体温计水银端，将水银端轻轻插入肛门 3~4 厘米，注意扶持体温计，3 分钟后取出。

（3）测量腋下体温。解开照料对象衣扣，轻擦其腋下汗液，将体温计水银端放于腋窝深处，紧贴皮肤，让其屈臂过胸夹紧，10 分钟后取出。

步骤3　读数。

用棉球擦拭体温计，正确读出体温读数。

步骤4　清洁消毒。

个人用体温计用 70% 乙醇擦拭消毒。共用的体温计在 1% 有效氯溶液中浸泡 30 分钟，取出后用凉白开冲净，擦干备用，切勿放入热水中，以免损坏。

注意事项

1. 进食或面部做冷、热敷 30 分钟后才可测量口腔温度。

2. 坐浴 30 分钟后方可用肛表测量体温。

3. 呼吸困难者、失智老人、神志不清者、精神异常者、小儿和其他不能配合者不可进行口腔测温，可进行肛门或腋下测量，直肠手术后和腹泻病人不可用肛表测量体温。

床 上 洗 头

操作准备

洗脸毛巾、大毛巾、洗发剂、装有40~45℃温水的水壶、塑料布或橡胶单、水桶、洗发马蹄形水槽。

操作步骤

步骤1　环境和体位调整。

备齐用物，携至床边，向照料对象解释取得合作。关闭门窗，将室内温度调节至24℃左右。垫橡胶单、大毛巾于枕上，松开照料对象衣领并向内反折，将干毛巾围于其颈部，以别针固定。协助照料对象斜角仰卧，移枕于其肩下，让其头靠床沿，嘱其屈膝，垫枕于两膝下，使体位安全舒适。

步骤2　保护眼、耳。

将马蹄形水槽垫于照料对象后颈部，使其颈部枕于突起处，头部在槽中央，槽下接污水桶。用棉球塞住照料对象两耳，用小毛巾遮盖其双眼，防止水进入眼、耳。

步骤3　洗发。

用手掬少许热水于照料对象头部试温，询问其感觉以确定水温是否合适。充分湿润头发后倒洗发液，揉搓头发和头皮，力度适中，注意照料对象感受。揉搓方向由发际向头顶部，用梳子除去落发，置于纸袋中，用热水冲洗头发直至洗净。洗发过程中注意照料对象的保暖。

步骤4　干发。

解下颈部毛巾包住头发，一手托头，撤去水槽。除去照料对象耳内棉球和护眼小毛巾，用毛巾擦干其脸部，酌情使用护肤霜。帮助照料对象卧于床正中，将枕、橡胶单、大毛巾一起移至头部，先用包头的毛巾揉搓头发，再用大毛巾擦干或电吹风吹干，梳理整齐。

步骤5　整理。

撤去洗头用物，整理床铺，清洗洗头用物。

注意事项

洗头时间不宜过长，在洗头过程中应注意观察，询问照料对象的感受，发现其有心慌气促等不适时，应及时停止。

床 上 擦 浴

操作准备

脸盆 2 个、热水桶 1 个（装有 50~52℃温水）、污水桶 1 个、污衣桶 1 个、毛巾 2 条、大浴巾、大毛巾、浴皂、梳子、小剪刀、50% 乙醇、爽身粉、清洁衣裤。

操作步骤

步骤 1 环境调节和解释。

关闭门窗，调节室温至 24℃左右（必要时用屏风遮挡）。向照料对象做好解释，取得配合，根据需要协助其大小便。

步骤 2 洗脸。

将浴巾垫于枕上，半湿小毛巾包裹在手上。按眼→额→鼻翼→面部→耳后→颌部→颈部顺序为其洗脸，注意擦拭眼睛应从内眦擦向外眦，动作轻柔。

步骤 3 擦洗身体、上肢。

在擦洗部位下铺大毛巾，解开照料对象上衣，协助其脱衣，让照料对象略侧卧，将脏衣服塞入背下，从对侧取出放入污衣桶，盖上浴巾。将半湿小毛巾包在手上，按上肢→胸→腹→背→臀顺序擦洗。用浴巾擦干皮肤，注意环形擦拭乳房，腹部以脐部为中心，按结肠走向由右向左擦拭，动作应轻稳。按顺序帮助照料对象穿好上衣。

步骤 4 擦拭下肢。

更换脸盆、毛巾，倒上热水，协助照料对象脱裤。依次擦拭两下肢，用浴巾擦干，换水清洁会阴后协助其穿裤。在床尾垫浴巾，放水盆，帮助照料对象足浴。

步骤 5 整理。

根据情况更换床褥，整理床铺，帮助照料对象取舒适体位，适当给其饮水，观察无异常反应后离开，清洗擦浴用物。

注意事项

1. 根据情况更换清水（一般洗头面、躯体、会阴各换 1 次）。必要时修剪指甲、趾甲。

2. 尊重照料对象隐私，减少不必要的暴露和翻动。

3. 为长期卧床的老弱照料对象床上擦浴后，可用 50% 乙醇为其按摩骨突处。

便 器 使 用

操作准备

床上用便器、卫生纸。

操作步骤

步骤 1　安放便器。

拉松盖被，将照料对象裤子脱至膝下，让其屈膝仰卧，一手扶托其腰部，另一手将便器置于其臀下。注意将便器阔边部向着头的方向，盖好被褥。

步骤 2　协助清洁。

大小便完毕要为其擦净，及时移开便器，盖上便巾，协助其洗手，整理床铺后协助照料对象取舒适卧位休息。

步骤 3　清洁便器。

清洁便器，必要时用 1% 有效氯溶液浸泡 1 小时消毒。

注意事项

不可使用破损的便器，避免损伤照料对象皮肤。

翻身（协助翻身侧卧）

操作步骤

步骤 1　移动前准备。

松开被子，注意不暴露照料对象，将照料对象对侧上肢移放于枕边，近侧手臂搭于小腹部，双下肢屈膝，便于操作和保障安全。

步骤 2　移动至近侧。

将照料对象稍抬起身，按下肢→臀部→上身→头部顺序移动照料对象到近侧，移动枕头，使其保持舒适。

步骤 3　翻身。

家政服务员一手扶照料对象肩、一手扶照料对象膝，轻轻将其翻向对侧。

步骤 4　安置舒适体位。

将照料对象一手放于枕边，一手放于胸前，让其上腿弯曲，下腿伸直，躯体稍前倾，用枕头和三角软枕将其背部和肢体垫好，保持其体位稳定、舒适、安全。

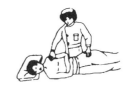

注意事项

如果两人协助翻身，一人扶持照料对象颈肩和腰部，一人扶持其臀部和膝部，同时轻抬其身体，动作协调轻稳，协助照料对象翻身侧卧。

相关链接

电子体温计的使用

电子体温计由温度传感器、液晶显示器、纽扣电池、专用集成电路和其他电子元件组成，能快速准确地测量人体体温，与传统的水银玻璃体温相比，具有读数方便、测量时间短、测量精度高、能记忆、有蜂鸣提示的优点。电子体温计不含水银，对人体和周围环境无害，其中硬质棒式体温计适用于腋窝测量和口腔测量方式，婴儿奶嘴式电子体温计是针对婴儿的生理特点精心设计制造的，部件设计全部采用圆滑弧线，曲率依据婴儿口形设定，硅胶奶嘴内含温度传感器。

使用前，用酒精对电子体温计头部进行擦拭消毒。随后按压开关，蜂鸣器马上发出蜂鸣音，显示器显示待测符号（不同品牌的产品有不同提示），此时将体温计放入测量部位。当体温上升速度在一定时间内小于 0.1℃时，体温计发出蜂鸣音提示测量完毕，可以取出读取显示的体温值。测量结束后及时按压电源键关闭电源。

使用电子体温计测量体温会受到测温时间、外界空气、不同身体部位的影响，使温度有所偏差。为了得到准确的测温数据，应始终测量固定的测温部位。腋下测温时，电子体温计应紧贴感温部位；舌下测温时，电子体温计应插于舌根部位。电子体温计前端感温部分要用乙醇擦拭消毒，不可浸泡在水中，防水型的可直接用流水清洗。

模拟测试题

一、判断题（下列判断正确的请打"√"，错误的打"×"）

1. 家庭居室环境应保持整洁、安静、舒适和安全。 （　　）
2. 老弱照料对象的常用物品应放于易找易拿的地方，避免其攀高取放物品。（　　）
3. 半流质饮食含丰富的膳食纤维，易于消化。 （　　）
4. 环境整洁与否、餐具清洁与否会影响人的食欲。 （　　）
5. 老人穿着鞋袜应注意舒适、合脚、防滑。 （　　）
6. 洗手时，用洗手液揉搓时间不少于 10 秒。 （　　）
7. 精神异常照料对象不可使用口腔测量法测量体温。 （　　）
8. 水银柱有裂隙的体温表可以使用。 （　　）
9. 床上便器在使用前应检查其边缘是否光滑。 （　　）
10. 帮助老弱照料对象翻身，不可拖拉，以免损伤皮肤。 （　　）

二、单项选择题（下列每题有 4 个选项，其中只有 1 个是正确的，请将相应的字母填入题内的括号中）

1. 陪老弱照料对象室外活动应注意（　　）。

   A. 尽量多吹风　　　 B. 避免闲聊　　 C. 避免活动四肢　 D. 避免阳光直射头部

2. 为保障安全，照料老弱照料对象上厕所要特别注意（　　）。

   A. 及时提醒如厕　　　　　　　 B. 定时搀扶其如厕

   C. 如厕时陪在一旁　　　　　　 D. 保持卫生间地面干燥、坐便器稳固

3. 应根据（　　）提醒老弱照料对象服药。

   A. 老弱照料对象的感觉　　　　 B. 他人告知的情况

   C. 医嘱　　　　　　　　　　　 D. 自己以往经验

4. 瓜果蔬菜含有丰富的膳食纤维，可以（　　）。

   A. 减弱胃肠蠕动　 B. 预防便秘　　 C. 预防腹泻　　　 D. 预防胃溃疡

5. 健康人每天摄入的食盐量不要超过（　　）克。

A. 1   B. 12   C. 6   D. 18

6. 消化不良的老弱照料对象可选择的食物是（   ）

     A. 烂面条   B. 杂粮饭   C. 葱油饼   D. 油条

7. 协助老弱照料对象进餐，以下不正确的选项是（   ）。

     A. 保持环境清洁、空气流通   B. 合理放置食物，便于拿取

     C. 餐前避免不良情绪刺激   D. 保证进餐速度，鼓励尽快吞咽

8. 协助老弱照料对象进食前，家政服务员应特别注意（   ）。

     A. 涂抹护手霜   B. 卫生洗手   C. 温暖双手   D. 修剪指甲

9. 床上便器在使用前应（   ）。

     A. 检查其边缘有无破损   B. 加入适量冷水

     C. 加入适量消毒液   D. 加入适量芳香剂

10. 应特别提醒老弱照料对象口中有食物时不要说话，防止（   ）。

     A. 呛咳   B. 消化不良   C. 食欲不振   D. 进食太多

模拟测试题答案

一、判断题

1. √   2. √   3. ×   4. √   5. √   6. ×   7. √   8. ×   9. √   10. √

二、单项选择题

1. D   2. D   3. C   4. B   5. C   6. A   7. D   8. B   9. A   10. A

家政服务（专项职业能力）
操作技能考核项目表

专项职业能力名称		家政服务	职业领域			
序号	考核项目	单元内容	考核方式	选考方法	考核时间（分钟）	配分（分）
1	保洁 / 照料	抽油烟机保洁 / 晨间照料	操作 / 口试	抽一	11	50
		烹饪台保洁 / 床上擦浴	操作 / 口试			
		餐具、锅具保洁 / 翻身照料	操作 / 口试			
		盥洗室坐便器保洁 / 保健常识	操作 / 口试			
		淋浴房保洁 / 晚间照料	操作 / 口试			
		盥洗室台盆保洁 / 床上洗头	操作 / 口试			
2	家电 / 照料	电磁炉操作 / 晨间照料	操作 / 口试			
		电饭锅操作 / 床上擦浴	操作 / 口试			
		微波炉操作 / 翻身照料	操作 / 口试			
		冰箱清洁 / 保健常识	操作 / 口试			
		吸尘器操作 / 晚间照料	操作 / 口试			
		洗衣机操作 / 床上洗头	操作 / 口试			
3	家常菜烹制	青椒肉片	操作	抽一	15	50
		虾仁豆腐	操作			
		茭白鸡丁	操作			
		葱油鱼片	操作			
		炒素三丝	操作			
		番茄炒蛋	操作			
合　　计					26	100
备注	项目 1：操作内容的考核用时 8 分钟，口试内容的考核用时 3 分钟					
	项目 2：操作内容的考核用时 8 分钟，口试内容的考核用时 3 分钟					

注：操作技能考核卷面得分按 100 分计，操作技能考核配分为 70 分。

考生操作技能考核最终得分 = 操作技能考核卷面得分 × 操作技能考核配分 /100。